务实尽责 共享平安

电力安全文化手册

国网湖北省电力有限公司　组编

中国电力出版社
CHINA ELECTRIC POWER PRESS

图书在版编目（CIP）数据

电力安全文化手册：务实尽责　共享平安 / 国网湖北省电力有限公司组编. —北京：中国电力出版社，2022.12

ISBN 978-7-5198-7305-9

Ⅰ.①电…　Ⅱ.①国…　Ⅲ.①电力工业－安全管理－手册　Ⅳ.①TM08-62

中国版本图书馆 CIP 数据核字（2022）第 232260 号

出版发行：中国电力出版社
地　　址：北京市东城区北京站西街 19 号（邮政编码 100005）
网　　址：http://www.cepp.sgcc.com.cn
责任编辑：熊荣华（010-63412543　124372496@qq.com）
责任校对：黄　蓓　于　维
装帧设计：郝晓燕
责任印制：吴　迪

印　　刷：北京瑞禾彩色印刷有限公司
版　　次：2022 年 12 月第一版
印　　次：2022 年 12 月北京第一次印刷
开　　本：787 毫米 ×1092 毫米　16 开本
印　　张：7
字　　数：150 千字
定　　价：38.00 元

序

安全文化是安全管理更高层次和境界的追求，是企业安全发展的恒久动力。国网湖北省电力有限公司着力打造安全文化高地，深入总结、提炼和熔铸了具有湖北特色的、系统全面的电力安全文化。

以史为鉴，在传承中创新。根植荆楚红色沃土，传承既济电力文化，湖北电力人勇担保电网安全、保可靠供电的职责使命，经百年风雨淬炼而坚韧不拔，历抗疫抗洪抗冰抢险等大战大考而百炼成钢，孕育和积淀了丰富的安全文化，形成了“安全你我他”文化实践、安全文化示范点等文化标识。伴随安全文化软实力的提升，湖北电网安全有序发展的局面不断巩固。

面向未来，在淬炼中升华。湖北电网是三峡外送起点、西电东送通道、南北互供枢纽和全国联网中心，承载全国电力电量交换的重要职责，安全生产风险挑战巨大。公司坚持把安全文化建设作为战略性任务来抓，系统总结历年来经验与教训，深入挖掘公司治企理念、管理制度、传统作风和先进经验中沉淀的文化精神，针对公司安全管理中存在积习已久的文化惯性，深入灵魂进行文化改造，着力培育一个“务实尽责，共享平安”的核心安全理念，践行“九大安全理念”，涵养N个专业安全文化、作业安全文化，构建了“1+9+N”安全文化体系，着力提升本质安全水平。

为进一步宣贯公司安全文化，营造“人人知晓、人人认同、人人践行”的文化氛围，特编制《安全文化手册》。以此为契机，推动安全文化成为广大员工自觉遵守的工作遵循和行为准则，变成各级管理者的管理理念和工作方法，实现从“要我安全”到“我要安全”的彻底转变，不断谱写湖北电网安全工作新篇章！

是为序！

2022年6月

目录

第四篇　专业安全篇

第五篇　作业安全篇

第一篇

国家安全生产理念篇

安全生产重要论述

国家安全生产纲要

一、安全生产重要论述

习近平总书记对安全生产工作高度重视，多次就安全生产发表重要讲话，作出重要指示批示。

强化安全红线意识。人命关天，发展决不能以牺牲人的生命为代价。这必须作为一条不可逾越的红线。要始终把人民生命安全放在首位，以对党和人民高度负责的精神，完善制度、强化责任、加强管理、严格监管，把安全生产责任制落到实处，切实防范重特大安全生产事故的发生。

树牢安全发展理念。安全是发展的前提，发展是安全的保障，推动创新发展、协调发展、绿色发展、开放发展、共享发展，前提都是国家安全、社会稳定。没有安全和稳定，一切都无从谈起。

严格落实安全责任。要落实行业主管部门直接监管、安全监管部门综合监管、地方政府属地监管。坚持管行业必须管安全，管业务必须管安全，管生产经营必须管安全。

加强安全法治建设。增强法治观念，用法治思维和法治手段解决安全生产问题，是最根本的举措。加快安全生产相关法律法规制定修订，加强安全生产监管执法，强化基层监管力量，着力提高安全生产法治化水平。

推动安全生产改革发展。推进安全生产领域改革发展，关键是要作出制度性安排，依靠严密的责任体系、严格的法治措施、有效的体制机制、有力的基础保障和完善的系统治理，解决好安全生产领域的突出问题。

坚决遏制重特大事故。深入研究事故规律特点，对易发生重特大事故的行业领域，要对风险逐一建档入账，采取风险分级管控、隐患排查治理双重预防工作机制，推动安全生产关口前移。加强应急救援工作，最大限度减少人员伤亡和财产损失。

涵养安全工作作风。领导干部对安全生产一定要有忧患意识和戒惧之心，坚决克服事故“不可避免论”，要经常临事而惧，要有睡不着觉、半夜惊醒的压力，坚持命字在心、严字当头，敢抓敢管、勇于负责，不可有丝毫懈怠。

二、国家安全生产纲要

工作方针：

安全第一、预防为主、综合治理。

安全理念：

人民至上、生命至上。

责任体系：

党政同责、一岗双责、齐抓共管、失职追责。

管理原则：

谁主管谁负责，管行业必须管安全，管业务必须管安全，管生产经营必须管安全。

工作机制：

生产经营单位负责、职工参与、政府监管、行业自律、社会监督。

第二篇

公司安全理念篇

核心安全理念

九大安全理念

安全愿景

一、核心安全理念

务实尽责，共享平安。

“务实尽责”，就是坚持问题导向，摸实情、讲实话，办实事、求实效，对每一项工作、每一个任务，做到心中有责、担当尽责，为公司实现安全生产长治久安提供坚强保证。

“共享平安”，就是营造相互关爱、守望相助的和谐氛围，打造人人享有、惠及各方的安全利益共同体，凝聚本质安全建设的强大合力，使个人、家庭、企业和社会共享安全成果。

二、九大安全理念

（一）生命至上，安全第一

生命至上、安全第一，是人民利益至上的具体表现，是建设平安中国的思想引领。“生命至上”为“安全第一”提供思想引领和价值基础，“安全第一”为“生命至上”提供支撑保障，两者是有机的整体，必须同时讲、同时抓。要充分认识、深刻理解“生命至上、安全第一”这一根本的安全理念，就是要将其作为工作的根本出发点和落脚点，始终把保障安全放在先于一切、高于一切、重于一切的位置，决不能追求以牺牲安全为代价的发展，更不能以牺牲人的生命为代价。

（二）安全是一切工作的基础和前提

安全管理“不等式法则”指出，10000-1 ≠ 9999。安全是 1，没有安全，其他的 0 再多也没有意义。《地方党政领导干部安全生产责任制规定》指出，要严格落实安全生产“一票否决”制，进一步凸显了安全“1”的地位。安全生产是电网企业最根本、最基础、最重要的工作，是改革发展的前提和保障。工作中如果忽视安全甚至罔顾安全，在工程上盲目抢工期、赶进度，在有限空间内盲目救援，让设备“带病”入网、“带病”服役，往往会带来难以挽回的后果。

必须把“安全是一切工作的基础和前提”融入到抓安全管理的全过程，布置一切工作、安排所有计划、调配任何资源，都必须在保证安全的前提下进行，当进度、效益等其他工作和安全发生冲突时，必须为安全让路。

（三）事故是可以避免的

根据辩证唯物主义，任何事物都是可以被认识的，事故也是一样，发生的原因都可以被认识，都是可以预防的。“上医治未病”告诉我们，最好的医生在病情发作之前就能消除病因。事故链理论也指出，事故是由人的不安全行为、物的不安全状态、环境的不良影响、管理的欠缺等同时串联导致，形成“多米诺骨牌”的连环倒塌，切断事故链中的任何一环，就能有效避免事故的发生。我们应当坚决摒弃“事故不可避免”的“躺平”思想，调整思维模式，改进工作方法，从源头抓起、从制度抓起、从管理抓起、从行为抓起，采取有效的预防预控措施，把工作做深做细做实，以超前、系统的预防性管理，做到“常在河边走，就是不湿鞋”。

（四）安全生产是管出来的

没有严格的管理不可能有安全稳定的局面。安全生产要可控、能控、在控，这个“控”不是发文件发出来的、开会开出来的，也不是守株待兔等出来的，更不是撞大运撞出来的，是要真刀真枪管出来的。只有主动强化安全预防，隐患才能陆续消除；只有严格落实安全责任，各项安全管理制度才能第一时间落实到具体行动；只有从严加强安全管理，才能避免违规操作引发的安全事故。管了不一定立马见效，但一定会起作用；不管不一定立马出事，但一定会出事。实践证明，加大违章查处力度，安全事件就呈下降趋势，这就是管的效果。要站在对企业负责、对员工负责的立场，围绕“四个管住”，以“零容忍”态度对待安全事件和违章行为，将“严抓严管、敢抓敢管、真抓真管”原则一贯到底。

（五）安全是综合指标

安全是一项系统工程，是一个企业综合素质和整体水平的综合反映，是一个企业政治生态、干部作风、治理能力、风气文化的综合反映，是一个班子凝聚力、向心力、战斗力的综合反映，是主要负责人工作态度和工作能力的综合反映，也是主要负责人真管与分管负责人实抓共同作用的结果，必须在各环节、各链条形成齐抓共管的强大合力。实践表明，一个企业管理体系完备、执行体系严密，各项工作抓牢、抓实，员工精神面貌昂扬向上，安全就可控、能控、在控。要强化“安全是综合指标”这个整体定位，树立系统的、全局的安全观，将安全贯穿于生产经营、改革发展等全过程，促进形成安全稳定、和谐发展的良好氛围。

（六）安全生产，人人有责

新《安全生产法》将企业“安全生产责任制”修订为“全员安全生产责任制”，突出强化了“全员”概念。电力企业涉及各行各业、千家万户，安全工作不仅关系到我们个人的安全，也关系到他人的安全。安全生产没有旁观者、局外人，每条战线、每个专业、每个岗位都对安全生产负有重要责任，每一名员工、每一个生产任务、每一项经营活动都与安全生产息息相关。必须树立“安全利益共同体”理念，强化“大安全”的整体意识、大局意识、协同意识和补位意识，主动担当尽责，密切协作配合，形成安全工作合力。只有每个人都落实好自身的安全职责，公司整体的安全稳定局面才能有基本保障。

（七）安全责任是主要负责人的第一责任

新《安全生产法》明确提出“生产经营单位的主要负责人是本单位安全生产第一责任人，对本单位的安全生产工作全面负责”，同时规定了主要负责人七项法定安全职责。公司各级主要负责人对安全工作必须责无旁贷，主动承担起安全生产第一责任，主动深入一线，统筹调动好各种力量，切实做到“配资源、实责任、控大局、把节奏”，确保安全生产的人员、装备、资金配置到位，各级各类人员安全责任压实到位，各个部门、各项业务协调推进到位，做到节奏不缓、力度不减、步伐不乱。

（八）安全工作的关键是班组和现场

班组是构成企业的微小细胞，现场是生产施工的重要场所。安全生产的重心在班组、重点在现场，所有事故的直接责任和直接原因也都在班组和现场，这两个管不好，将直接动摇公司安全生产根基。抓好班组就要建强班组长、工作负责人两支队伍，配齐班组技术员、安全员，从专业技术、监督管理、执行落地等层面构建基层安全责任体系微小闭环单元。管住现场就要坚持“四个管住”，把安全措施的落实作为管控关键，将制度、规程和要求落实到现场。各级管理者要多走出办公室，多到基层、一线、作业现场，指导工作、解决矛盾，让安全管理更贴近基层、贴近现场、贴近设备、贴近实际，增强班组的凝聚力、执行力，提升现场管控水平，守牢安全生产主阵地。

（九）抓小堵漏、举一反三、超前预防

海恩法则指出：每一起严重事故的背后，必然有 29 次轻微事故和 300 起未遂先兆以及 1000 起事故隐患。只管事故是管不住安全的，不出事不代表没有潜在风险；管苗头、管隐患才管得住安全，把可能导致事故发生的所有机理或因素，消除在事故发生之前。抓小堵漏，就是要树立隐患就是事故的观念，不放过任何一个小问题、小隐患、小苗头、小事件，发现了就要立即反应、立即处置、立即通报、立即处罚，防止把小问题拖成大问题、小风险拖成大风险、小事件拖成大事故。举一反三，就是要把别人的事故当成自己的事故，从个性的问题看到共性的问题，举一反三开展系统治理，关口前移做好事前防范。如果把事故当故事听，那么事故一定会找上门。超前预防，就是要“为之于未有，治之于未乱”，在预防为主、综合治理的过程中，积蓄把不确定性变为确定性的力量，把可能导致事故发生的所有机理或因素，消除在事故发生之前。

三、安全愿景

安全你我他，幸福照大家。

以“安全有你有我有他”为根本，以“安全靠你靠我靠他”为保障，以“安全为你为我为他”为目的，同心同向，汇聚众力，打造“人人关心安全、处处注意安全、上下共保安全”的安全生产环境，创建本质安全企业，实现基业长青，让大家有更多的安全感、获得感、幸福感，让幸福之光照耀人生、温暖家庭、点亮生活。

第三篇

安全管理篇

制度管理
责任落实
风险管控
安全督查
应急管理
安全培训

一、制度管理

安全生产是真刀真枪管出来的，安全管理的核心就是把各项安全规章制度落地落实。

1. 文化内涵

凡事有章可循、凡事有据可查、凡事有制可依。

2. 安全警句

有章不循想当然，事故发生成必然。

安全规章血写成，不要用血来验证。

执行安规不认真，等于疾病染上身。

3. 主要做法

健全安全规章制度体系。全面梳理完善安全责任、安全监督、安全考核、风险管理、隐患管理、应急管理、教育培训等七个方面的安全管理制度。紧密结合基层实际，及时查缺补漏、“立改废释”。

强化安全管理制度落实。常态化组织下基层专题安全讲座、“专业轮讲”活动，抓好各类安全管理制度宣贯。建立安全监管“月度答疑”制度，及时研究解决一线人员反馈的制度“执行难”问题。

发挥安全巡查监督效能。滚动修编安全巡查大纲，严查安全生产重大决策部署落实情况、安全规章制度执行情况，定期组织整改“回头看”。针对性开展防误闭锁、供电所安全管理等专项督查，加强薄弱环节安全规章执行监管。

4. 工作要诀

安全生产不离口，规章制度不离手；

紧跟实际补短板，立改废释堵缺漏；

月度答疑解难题，安全巡查督落地；

遵章守纪明底线，违章违规必追究。

二、责任落实

责任是安全生产的灵魂，安全生产没有局外人，要做到“事事有人管，人人都尽责”。

1. 文化内涵

明责知责，履责尽责，失职追责。

2. 安全警句

责任不落实，安全大漏洞。

安全无小事，责任重于山。

安全生产没有旁观者、局外人。

麻痹是最大的隐患，失职是最大的祸根。

3. 主要做法

安全责任清单化管理。分层分级制定全员安全责任清单、部门安全责任清单、实现“一组织一清单、一岗位一清单”。对照安全责任清单做到“明责、知责、督责”，严格“领责、履责、追责”。

安全履职标准化。明确领导干部和管理人员下基层下现场“1223”、安全述职、到岗到位等履责要求，制定《安全履职手册》和标准督查卡，各级人员照卡尽职履责，提高履职能力和效果。

工作负责人星级管理。依据安全等级评价、“两票”填用、方案编制、标准化现场创建、违章考核等情况对工作负责人进行精准画像和星级评定，促进现场第一责任人履职尽责。

开展量化履责评价。围绕“配资源、实责任、把节奏、控大局”，开展各级主要负责人履责评价监督。围绕“严格安全履责、强化安全监督、提高安全质效”，开展各级安全总监履责评价监督。

4. 工作要诀

安全生产要稳固，履职尽责是根本；

领导干部当头雁，人人责任扛上肩；

不做安全局外人，齐抓共管走在前；

责任清单需记牢，全员履责才有效；

照卡督责不打折，走马观花要不得；

履责监督不可少，失职追责跑不了。

三、风险管控

建立双重预防机制，做到关口前移、分层分级管风险，实现安全生产风险的可控、能控、在控。

1. 文化内涵

精准辨识，抓早抓小，先降后控，防患未然。

2. 安全警句

祸患积于忽微，事故源于风险。

风险辨识不到位，无异作业蹚地雷。

方案措施订仔细，隐患祸端自然去。

3. 主要做法

健全电网风险联防联控。建立重大电网风险协同防控工作机制，明确风险评估预警流程，细化标准管控措施。通过日、周会集中审核把关方案，构建各专业、各层级联防联控的风险管控工作模式。

严格作业风险全程管控。建立安全风险管控督查工作机制，统一典型现场作业的风险分级标准。明确月、周、日计划管理重点要求，梳理作业准备、作业实施阶段各环节管控要领，作业风险全程在控。

狠抓现场管控措施落实。依照“分级管控”原则，明确到岗到位、安全监督人员，结合工作负责人星级评定，引导现场“明白人”干“关键事”，紧盯风险管控措施落实。

4. 工作要诀

风险管控要做好，双预机制来开道；

防控项目早建设，督查提升要搞好；

电网风险早预警，先降后控不粗心；

日会周会审方案，操作蹲守巡视勤；

作业风险须抓稳，辨识风险定级准；

方案编制标准化，措施明确落到人；

现场风险最关键，分级管控来应变；

明白人干关键事，实效到岗保安全。

【注释】

双预机制：风险分级管控、隐患排查治理机制。

四、安全督查

违章就是隐患、违章就是事故，必须从严查处违章，将事故风险扼杀在萌芽状态。

1. 文化内涵

严管就是厚爱，稽查就是积德。

2. 安全警句

堵不死违章的路，迈不开安全的步。

你对违章讲人情，事故对你不留情。

违章行为不狠抓，害人害己害大家。

3. 主要做法

齐抓共管成合力。严明现场督查“四原则、四不准、五规范、六步骤”，明确监管职责界面、业务流程和工作要求，规范省市县三级安全督查中心运转。建立健全“领导督查、专业检查、专职稽查、班组自查、人人找茬”五级督查体系，针对性组建特高压专职督查队伍，实现作业现场督查全覆盖。

标准稽查提质效。滚动更新典型违章分级和惩处清单，逐条开展条文案例解析，明晰界定违章标准。制定覆盖所有专业典型作业任务的标准督查卡，将风险防控措施落实情况、到岗到位纳入安全督查范围，全面实行在线照卡督查，以标准化提升安全稽查深度和效能。

数字赋能强管控。围绕“四个管住”，以安管平台为中心，充分发挥人员轨迹 APP 数字化监管作用，实现作业人员离开现场、作业人员不在准入库等典型违章自动告警，对“一计划、一准入、一票单、一轨迹”精准稽查，强化作业全过程安全监督。

严抓严管促实效。实施严查违章“四种形态”管理，对一般违章以“查、纠、讲”和通报曝光为主，将每次稽查检查作为对违章人员的安全培训。对严重和恶性违章对照相应安全事件进行顶格处理，并在安全周例会、日例会上“说清楚”，确保不让违章发展为事故。

4. 工作要诀

事故皆因违章起，四个管住需严抓；

领导带头共同管，专业专职力齐发；

出门督查要谨记，四四五六规范化；

安管平台显神通，人员轨迹精准查；

照卡监督保现场，标准督查实效达；

四种形态查纠讲，铁面无私严处罚。

【注释】

“四四五六”：指现场督查“四原则、四不准、五规范、六步骤”。

“四原则”：预警性原则、一致性原则、即时性原则、公平性原则。

“四不准”：不准擅自泄漏稽查计划；不准发现违章行为不制止、不上报；不准利用岗位与工作之便谋取不正当利益；不准增加基层工作负担。

“五规范”：规范人员着装与稽查用语；规范稽查计划执行；规范开展稽查记分、现场评价；规范填写违章记分通知书、录入稽查单；规范稽查管控流程。

“六步骤”：检查现场管控情况，查阅图文资料，观察员工行为，制止违章行为；问候员工并肯定好的安全行为，体现关心和尊重；指出并讨论不安全行为，指导其遵守标准化工作要求；得到员工签字确认并作出安全承诺；举一反三，讨论其他安全问题；提出整改反馈要求，并感谢员工配合。

“四种形态”：根据违章性质、严重程度、发生频次将违章分为“四种形态”。第一种形态：一般违章；第二种形态：普遍性典型违章（严重违章）；第三种形态：恶性违章；第四种形态：连续发生多起恶性违章。

五、应急管理

不断强化应急系统数字化、智慧化的支撑保障能力，建设“全国一流、国网领先”的应急体系，全面提升突发事件应急处置能力，保障人民生命、健康和财产安全。

1. 文化内涵

快速响应，协同联动，化危为安。

2. 安全警句

应急准备不充分，衍生灾害找上门。

培训演练如缺席，险情处置干着急。

应急处置差火候，灾难损失一生愁。

应急救援不到位，事故影响要加倍。

3. 主要做法

安全高效。实现“30-60-90-120”快速响应。突发事件发生后，30 分钟内指挥人员到岗到位，60 分钟内开启应急指挥中心，90 分钟内获取灾损基本信息，120 分钟内先期处置及应急队伍、装备准备到位。

机制健全。建设新一代应急指挥系统和新基地应急指挥中心，建成监测预警、指挥决策、物资调配、协同联动、舆情应对、受援管理工作机制，形成制度完备、预案齐全、职责明确的应急机制。

保障有力。组建省、战区、地、县四级应急指挥队伍，涵盖全领域的应急专家队伍，综合能力强的应急基干队伍，能打胜仗的抢修突击队，科学配齐应急物资装备，确保指挥、队伍、装备保障有力。

管理提升。不断完善应急能力提升策略，明确建设目标、重要任务和具体措施，全面提升应急管理专业化、数字化水平。建立安全生产信息报送工作机制，制定预警发布、应急响应工作实施细则，规范预警响应和信息报送流程，提升灾害监测、风险识别和应急能力。

4. 工作要诀

应急机制建设好，队伍装备保障牢；

智慧平台信息畅，险情灾情及时晓；

监测预警响应早，预警措施要做好；

统一指挥各就位，协同联动出实效；

应急预案演练少，事故突发慌乱跑；

常培常练重实战，综合能力得赶超；

平战结合运用好，安全处置水平高。

六、安全培训

安全培训是企业对员工最大的福利，是员工掌握安全知识、提升安全技能、规范安全行为的重要手段，是保障员工安全的护身符。

1. 文化内涵

大培训大练兵，培育明白人。

2. 安全警句

培训不到位是重大安全隐患。

事故源于无知，安全来自学习。

快刀不磨要生锈，培训不抓出纰漏。

3. 主要做法

融合培训固安全。构建人资归口、专业主导、分层分级、共建共享的安全培训体系。将安全纳入公司各类培训课程，凡是培训必考安规。

赋能培训保安全。坚持全员安全考试、安全等级评价，培训合格是员工入职上岗的必备条件。加大工作负责人等核心生产骨干的分级管理和动态考评。

务实培训促安全。开展“一把手”讲安全、“应知应会”培训、冬训夏训大练兵、技能运动会等活动。抓好班组安全日活动，常态开展警示教育和高风险作业培训。

创新培训强安全。发挥一阵地一室一墙作用，结合信息化技术手段，打造正向实训、逆向体验、虚拟互动为一体的安全培训基地。

全面培训为安全。安全培训延伸覆盖外包队伍，持续开展外包队伍及人员的安全能力评估和培训，强化外包人员安全准入。组织严重及以上违章人员安全再教育。

4. 工作要诀

安全第一记心间，培训教育首为先；

增强意识是前提，规范行为是保障；

主要领导第一课，安全总监上讲台；

安全知识勤学习，安规考试全覆盖；

冬训夏训大练兵，技能比武强素质；

磨刀不误砍柴工，培训合格再上岗；

因需施教提技能，明白人干明白事。

【注释】

一阵地一室一墙：省公司级层面安全文化阵地、地市公司级安全文化教育室、班组安全文化墙。

第四篇

专业安全篇

人身安全　　营销服务

电网安全　　公共安全

设备安全　　物资保障

网络安全　　新业态

建设施工　　水电大坝

一、人身安全

安全是一切工作的基础和前提，守护人身安全就是守护每个人的生命线，守住公司安全发展的红线和底线。

1. 专业文化

遵章守纪，主动履责，杜绝违章。

2. 安全警句

简化作业省一时，违章蛮干悔一生。

马虎迷糊不在乎，误入错登要人命。

莫道生命值千金，忽视安全等于零。

多看一眼，安全保险。多防一步，少出事故。

事前不思危，芒刺如在背；知危不防备，事故紧跟随。

3. 专业精髓

生产现场作业“十不干”：票在人在，两点两范围两安全，一杆一高一空间。

紧盯“六类人”：冒冒失失的“莽撞人”、稀里糊涂的“勤快人”、不守规矩的“散漫人”、大大咧咧的“粗心人”、责任心缺失的“不靠谱人”、业务不熟的“新入职人”。

聚焦“六个关注”：节假日要小心，周六周日要注意，身体疲劳要当心，精神恍惚要警惕，人员调整要操心，天气变化要留意。

做到“四个宁可”：宁听骂声，不听哭声；宁可过一点，不可欠一点；宁可不干，不可蛮干；宁可因规范而慢，不可图省事而快。

落实“四个管住”：管住计划，管住队伍，管住人员，管住现场。

实现“四不伤害”：不伤害自己，不伤害他人，不被他人伤害，保护他人不被伤害。

4. 专业做法

从思想上重视——我要安全。刚性执行生产现场作业“十不干”，不存侥幸，不图省事，杜绝无票和超范围作业，落实“停、验、挂”等各项保命安全措施。

从机制上保障——我能安全。落实“1223”现场履责和到岗到位机制，深化风险管控“月周日”督查机制，坚持严抓严管、重奖重惩机制。

从行为上达到——我会安全。开展标准化作业、安全等级评价、“查、纠、讲”和违章再教育，涵养“有令必行、有禁必止”作风。

5. 工作要诀

人身安全是底线，保命措施记心间；

现场牢记十不干，三防十要是法宝；

事故根源是三违，安全保障有三措；

不抢进度把节奏，不图省事讲规范；

刚性监督严管理，安全履责求实效；

四种形态常自省，珍爱生命享平安。

【注释】

下基层、下现场“1223”：省公司主要领导每月至少一次，其他领导（含分管领导、安全包保领导）、部门（含专业部门、安全包保部门）负责人至少两次到现场或班组调研督导；地市级单位主要领导每周至少一次，其他领导和部门负责人至少两次到现场或班组调研督导；县级单位主要领导每周至少两次，其他领导和部门负责人至少三次到现场或班组调研督导。

生产现场作业“十不干”：无票的不干；工作任务、危险点不清楚的不干；危险点控制措施未落实的不干；超出作业范围未经审批的不干；未在接地保护范围内的不干；现场安全措施布置不到位、安全工器具不合格的不干；杆塔根部、基础和拉线不牢固的不干；高处作业防坠落措施不完善的不干；有限空间内气体含量未经检测或检测不合格的不干；工作负责人（专责监护人）不在现场的不干。

"三防"：防止触电伤害、防止高空坠落伤害、防止倒（断）杆伤害。

"十要"：工作前要勘察施工现场，提前进行危险点分析与预控；检修、施工要使用工作票，作业前要进行安全交底；施工现场要设专人监护，严把现场安全关；电气作业要先进行停电，验明无电后即装设接地线；高空作业要戴好安全帽，脚扣登杆全过程系安全带；梯子登高要有专人护守，必须采取防滑、限高措施；人工立杆要使用抱杆，必须由专人进行统一指挥；撤杆撤线要先检查杆根，必须加设临时拉线或拉绳；交通要道施工要双向设置警示标志，并设专人看守；放撤线邻近或跨越带电线路要使用绝缘牵引绳。

二、电网安全

电网是电力企业的命脉，是连接发电和用户的纽带，是能源传输、资源配置的载体。电网安全关系社会经济发展全局和人民群众切身利益，是国家安全、社会发展和人民福祉的重要保障。

1. 专业文化

精心调度，精准管控，严明纪律，严控风险。

2. 安全警句

令不能行，网不能保。

安全校核不准，电网运行不稳。

带误事件不防住，电网安全不可控。

3. 专业精髓

电网运行"六复核"：复核运行方式、调度规程、继电保护装置、安全自动控制装置、反事故措施和保厂用电措施。

调度管理"五精"：调度精心操作，方式精细安排，保护精确整定，发用精准平衡，网安精密防护。

风险防控"四原则"：全面评估，精准定级，先降后控，全环节管控。

停电安排“三坚持”：坚持风险辨识不明晰不安排，坚持安全校核不通过不批答，坚持防控措施不落实不执行。

筑牢电网“三道防线”：加强电网一次网架结构及继电保护配置，完善切机、切负荷等稳定控制装置，配置适当的失步解列、低频低压减负荷等装置。

4. 专业做法

坚持调控业务标准化。坚持核心业务、核心流程、现场作业标准化，严格遵守调度规程，严格执行调度指令，把好安全操作关。

提升电网本质安全水平。充分发挥电网年度运行方式指导作用，协同电网发展、规划和建设，打造无重大薄弱点坚强电网，从源头化解电网运行风险。

超前预防电网风险。检修计划“一停多用”，方式安排“先算后停”，风险管控“先降后控”，保证电网结构完整和合理安全裕度。

强化二次系统支撑。坚持继电保护“四性”原则，杜绝“误碰、误接线、误整定”事件，常态开展二次设备全面隐患排查治理。

加强故障应急处置。针对电网薄弱环节做好事故预想，重大风险制订调度事故处置预案，强化多级调度协同处置，定期开展联合反事故演练。

5. 工作要诀

电网运行责任重，科学调控不放松；

安规调规要遵守，纪律严明硬作风；

电网风险早防范，先降后控是原则；

三道防线无差错，四遥信息要准确；

应急预案常演练，协同联动保供电；

优质服务惠民生，坚强电网促发展。

【注释】

继电保护“四性”：选择性、速动性、灵敏性、可靠性。

“四遥”：遥信、遥测、遥控、遥调。

三、设备安全

（一）输电专业

输电线路是电网的“大动脉”，运行环境复杂，保障输电设备本体和通道安全是输电安全管理的关键。

1. 专业文化

六防到位，精益运维，立体巡检，联防联控。

2. 安全警句

通道草木不清，山火肆虐不停。

外破不装硬隔离，安全隐患大问题。

高处作业别大意，防坠措施要牢记。

不打个人保安线，感应触电极危险。

3. 专业精髓

通道管理“两化”： 通道运维属地化、通道建设标准化。

输电作业“三防”： 防触电、防高坠、防倒杆。

输电线路“六防”： 防雷害、防鸟害、防污闪、防冰害、防风害、防外力破坏。

“三盯三推三控”： 盯“六防”、盯深度隐患排查、盯生产安全和电力保供；推无人机、推可视化、推移动巡检；控隐患、控风险、控故障。

4. 专业做法

外破管控八场景。 机械施工场地布设隔离天网，跨路两端安装限高架，鱼塘实现围栏全覆盖，树竹、空飘异物常清理，地灾、山火早发现，河道冲刷及时改造。

防灾减灾“四步走”。 “平时预、灾前防、灾后抢、事后评”，做好隐患排查和分析评估预警，提升设备监测诊断水平，深化直流融冰等关键技术，强化应急抢修能力。

通道运维属地化。运用属地公司地方协调和快速响应优势，及时发现并处置线路异常，提高线路通道运维绩效。

通道建设标准化。实施通道安全距离校核、技防措施布置、责任监督检查，以属地单位为主体，运维单位配合，分级分批完成通道标准化建设。

检修作业严监管。刚性执行“防触电、防高坠、防倒杆”安全技术措施，宣读“防高坠”承诺，大力推广标准化作业，全力压降作业安全风险。

科技兴安“两落地”。深化智能接地线、智能安全工器具使用，推进智慧检修安全落地；整合输电全景管控平台，加快无人机巡检深度应用，推进数字化运维落地。

5. 工作要诀

线路环境很多变，六区分布记心间；

防雷防鸟防污闪，防冰防风防外破；

机械施工严管控，限高围栏硬隔离；

防灾减灾源头控，预警监测融除冰；

建立健全护线网，通道建设靠群防；

数字线路提质效，智慧运检降风险。

【注释】

“六区分布图”：地闪密度分布图、涉鸟故障风险分布图、污区分布图、冰区分布图、风区分布图、舞动区域分布图。

（二）变电运维专业

变电运维是电力系统运行的关键环节之一，变电设备稳定运行是保障电网安全可靠的重要前提和基础。

1. 专业文化

操作标准化、巡视规范化、作风军事化。

2. 安全警句

巡视不认真，隐患藏得深。

操作不规范，迟早成大患。

3. 专业精髓

“两票三制”： 工作票、操作票、交接班制、巡回检查制、设备定期试验轮换制度。

“五巡视”： 全面巡视、例行巡视、熄灯巡视、专业巡视、特殊巡视。

“全科医师”： 培育运维“全科医师”，提升运维人员综合技术能力。

“设备主人制”： 以设备为核心，以班组为主体，实现每台设备有人负责，每个隐患有人跟踪，每项工作有人落实，每项措施有人核查。

4. 专业做法

明责夯基础。 强化运行规程和技术资料管理，夯实运维基础；强化设备主人属地意识，提升设备运维质量及缺陷隐患治理管控水平，加强设备全寿命周期及状态评价管理。

管理军事化。 强化队伍素质能力提升，规范运维人员行为，军事化交接班、倒闸操作、应急处置等。

运维智能化。 推进“高清视频 + 机器人 + 无人机”远程智能巡视替代人工巡视，推进“一键顺控”替代传统倒闸操作。

杜绝误操作。 制定标准倒闸操作范本，开展全员通关考试，加强解锁钥匙管理，建立操作第二监护人制度，防止疲劳操作。

5. 工作要诀

工作交接不可少，设备异动人人晓；

巡视设备应仔细，对照作业把数记；

缺陷隐患常跟踪，设备事故无影踪；

倒闸操作三核对，名称编号和位置；

运规图纸常更新，新扩改退全齐备。

（三）变电检修专业

变电设备健康是电网安全运行的基础。开展精益检修、隐患治理，是确保变电设备安全可靠运行的重要措施。

1. 专业文化

精益检修强设备，精细管控保安全。

2. 安全警句

罐体检修不通风，气体窒息人身忧。

刀闸检修不合格，操作卡涩易过热。

机构储能不释放，机械动能把人伤。

吊装距离不满足，临近触电酿事故。

3. 专业精髓

“一表一库”：风险分级表、检修工序风险库。

变电检修“四防”：防触电、防机械伤害、防高坠、防物体打击。

“四合格”：外观合格、电气性能合格、机械特性合格、绝缘试验合格。

“五重点”：查外观、修回路、调机械、补油气、做试验。

4. 专业做法

精益检修保质量。强化设备状态评价和精益化评价，以“应修必修，修必修好”为原则，落实“四合格”“五重点”，聚焦关键工艺，保障检修质量。

标准作业控流程。执行标准化作业指导卡，落实变电检修四防，细化作业流程，把控关键工序。

治理隐患防事故。建立“分级查、估风险、闭环治、遏增量”的长效机制，重点治理断路器拒动、变压器近区短路故障等重点隐患，切实防范设备事故。

紧盯风险保安全。落实“一表一库”应用，重点管控近电作业、交叉作业、设备吊装等高风险作业，确保人身、设备、电网安全。

5. 工作要诀

刀闸联调要心细，调整连杆保同期；

开关检修重之重，密封传动防拒动；

补油排气要牢记，退出压板防误跳；

检修工序要做全，修试质量严把控；

严格作业标准化，验收工艺精益化；

风险辨识要醒目，分级管控防事故。

（四）电缆专业

电缆线路是城市电力输送的主要网络，保护电缆及通道断面安全运行对保障城市供电具有重要意义。

1. 专业文化

严控源头，精细巡视，规范检测。

2. 安全警句

不做防火隔离，通道火烧连营。

外破风险控不住，跳闸断线出事故。

附件管控不抓严，绝缘故障常出现。

不做检测不通风，安全事故敲警钟。

3. 专业精髓

“三零”：火灾事故零发生、通道断面零丧失、大面积停电零出现。

电缆“六防”：防外力破坏、防火、防水、防过热、防附属设备异常、防有害气体。

带电检测“三重点”：红外测温、接地环流、局部放电检测。

4. 专业做法

紧盯火灾隐患。开展高压电缆线路及通道火灾隐患常态化排查与治理，重点推进输配共沟电缆中性点接地方式改造，彻底消除共通道电缆火灾隐患。

防控外破风险。同政府主管部门建立协调机制，推进施工信息实时共享、关键环节许可联合审批和依法终止供电措施，突出通道路径醒目标识设置和人员蹲守制度。

做好精益运维。按周期开展红外测温、环流、局部放电等带电检测工作，推进光纤振动、接地电流等感知设备覆盖，实现异常状态提前发现、提前处置。

强化源头管控。合理规划路径、断面布局，加强关键环节旁站和影像留存管理，落实驻厂监造和抽检验收要求，杜绝不合格设备入网。

规范井内作业。制定有限空间作业标准化流程，坚持“先通风，再检测，后作业”，落实轴流风机、正压式空气呼吸器、气体检测仪等装置配置。

5. 工作要诀

电缆运行要安全，投运质量是关键；

接头制作须旁站，耐压试验把关严；

防火防水防外破，通道断面是重点；

下井之前先通风，检测合格再作业；

温度环流经常测，精益运检消缺陷；

勤查隐患勤治理，跳闸事故零出现。

（五）配电专业

配电网是电网的“毛细血管”，上连主网架、下通客户端，是服务民生的“最后一公里”。保障配电设备安全可靠运行是提供优质服务、践行“人民电业为人民”企业宗旨的重要环节。

1. 专业文化

三化运维，两降一升，数字赋能。

2. 安全警句

设备日常怠维护，隐患增长成倍数。

隐患治理不彻底，风险随时找上你。

停电影响千万户，供电服务招投诉。

3. 专业精髓

“一个体系”：打造“全科医生＋专科医生”的配电运维管理体系。

“两降一升”：降频繁停电，降低电压，提升配电自动化实用化水平。

“三化”运维：操作标准化，巡视周期化，维护常态化。

多维管理：精益运维，立体巡检，工单驱动，数字赋能。

4. 专业做法

停电预控。统筹计划停电，严格执行“能转必转、能带不停、先算后停、一停多用”管控要求。

立体巡检。定期巡视、特殊巡视、夜间巡视、故障巡视、监察巡视“五到位”，以“二十四节气”为主线贯穿全年配网运维工作。

工单驱动。以“三单”驱动（业务、预警、督办），实现“三化”管理（业务工单化、工单价值化、价值绩效化），构建工单驱动业务配网运维管控新模式。

数字赋能。推进配电自动化全覆盖，逐线落实级差保护，实现故障快速隔离和自愈，做到“用户故障不出门、支线故障不跳闸、干线故障不停电”。

5. 工作要诀

配网设备种类多，安全保障要记牢；

设备交接严把关，验收资料不可少；

风险隐患治彻底，线路通道要可靠；

新型技术广应用，保护级差设置好；

落实设备主人制，激发运维主动性；

精益管理保运行，优质服务树形象。

（六）直流专业

湖北电网所辖换流站“超柔特”兼具、交直流混联、送受端并存，肩负着三峡电力外送、保跨区联网和异步互联的重要责任，防止直流系统闭锁停运是保证跨区电网安全稳定运行的关键。

1. 专业文化

精心监盘，精心巡视，精心操作，精心检修。

2. 安全警句

监盘不认真，事故要发生。

功率操作错，直流会闭锁。

控保乱置位，风险陡提升。

3. 专业精髓

“一降低一提升”： 降低强迫停运次数，提升能量可用率。

“三查三到位”： 查值班记录、两票、功率曲线；交接班、倒闸操作、重要缺陷异常处置到位。

“四关注”： 直流系统停运关注单、双极保护和安全稳定控制；单极停运关注双极公共区域、直流分压器和另一极；单阀组停运关注另一阀组；功率调整关注绝对最小滤波器需求、直流电压方式和另一极 / 阀组。

“六禁止”：禁止随意解锁操作、禁止无监护操作、禁止状态不明操作、禁止异常设备操作、禁止安措设备操作、禁止方式不满足操作。

4. 专业做法

夯实监盘工作质量。掌握各界面模拟量正常范围、数字量正常状态以及控制模式、开关状态、换流阀及阀控、换流变等参数变化情况，及时发现隐患。

加强核心设备巡检。加强换流阀、换流变等设备带电检测，关注在线监测情况，加强水冷设备运行巡检和换流阀降温辅助设备运行检查，及时发现核心设备缺陷。

筑牢精益检修管理。开展不停直流检修和大小年检修，缩短检修和抢修时间，严格按照“四关注”开展轮停检修风险点分析，提升检修作业安全和能量可用率。

提升应急处置能力。配置站内大型消防车，定期开展换流站设备故障、紧急停运、消防、防汛联合演练，实现应急处置能力和专业管理效能稳步提升。

5. 工作要诀

运行监盘不间断，数据比对勤切换；

设备巡视有标准，日巡月巡有记录；

直流设备类型多，作业标准研究透；

精益检修抓效率，能量可用有提升；

应急处置强保障，勤于演练助安稳。

四、网络安全

（一）网络安全

网络安全作为公司“四大安全”之一，事关新型电力系统建设和数字化转型稳定大局，对保障企业发展、电网安全具有重要意义。

1. 专业文化

网络连接你我他，安全防护靠大家。

2. 安全警句

账号口令不乱放，涉密信息不上网。

终端入网不管控，安全事件敲警钟。

设备配置不合规，一点突破全网危。

3. 专业精髓

“三个五分钟”：任何攻击 5 分钟内全网阻断，任何情报 5 分钟内落实到位，任何报告 5 分钟内处置完毕。

“三杜绝、三防范”：坚决杜绝信息系统大面积停运事件、重要数据和客户信息泄漏、网络攻击造成的停电事件；坚决防范重大网络安全事件、信息系统网络被入侵、关键信息基础设施防护失效事件。

“十不准”：账号口令要符合安全要求，不准存在空口令、弱口令；不准私自开通互联网出口；未经授权的信息系统和设备，不准接入公司网络；业务系统登录必须经过认证，不准设置为自动登录；外来 U 盘未经安全检查，不准使用；内外网不准安装与工作无关软件、来源不明的软件；内外网不准搭建无线热点；不准明文传输公司敏感信息；不准内外网办公终端交叉混用；未通过安全测试的业务系统，不准接入公司网络。

4. 专业做法

强化网络安全防护。按照精准防控、纵深防护、主动防御、智能运营的策略，建设公司网络安全主动防护体系，筑牢网络安全防线。

建立联防联控机制。建立多级联动、全业务协同的联防联控机制，以平时即战时要求，开展网络安全 7×24 小时在线监测，实现“一点攻击、处处响应”。

加强网安人才培养。按照“红队攻点，蓝队防控，督查监督，研发控源”

定位，遴选网安队伍，发挥网安人才优势，夯实公司网络安全基础。

强化网络安全宣传。定期开展“网络安全到基层”和网络安全宣传周等活动，全员签订网络安全责任书，强化全员安全意识。

5. 工作要诀

终端安全要做好，桌管杀毒不能少；

口令至少 8 位数，杜绝一切弱口令；

移动存储不乱放，涉密数据不上网；

网络接入先授权，内网外网不混连；

登录连接靠认证，资源访问有管控；

文件传输加解密，重要数据勤备份；

文明上网有诀窍，安全防护要记牢。

（二）信息运行安全

信息运行安全是保障公司信息基础设施和信息系统持续提供服务的基础，是保障公司数字化业务高效运转的枢纽。

1. 专业文化

运行分析精准到点，故障缺陷应检必检。

2. 安全警句

信息运行得过且过，业务中断迟早闯祸。

监测巡检漫不经心，系统运行胆战心惊。

3. 专业精髓

“三个一”：故障发现 1 分钟、故障定位 1 刻钟、故障处置 1 小时。

“五个零”：行为零违规、设备零缺陷、业务零中断、安全零事件、服务零投诉。

“七必查”：查网络、查设备、查系统、查漏洞、查动环、查现场、查研发。

4. 专业做法

规范信息机房管理。开展基础设施运行状态评估，确保基础设施安全、稳定、不间断运行。

加强信息设备管理。严格实行设备入退网制度，常态开展设备台账治理和隐患排查整治。

强化系统运行管控。严把系统上线关口，牢守红线指标，合理配置系统运行方式、制订应急预案并定期开展应急演练，确保系统稳定运行。

加强调运检体系管控。强化信息调度管理、规范信息运行方式、强化信息检修管理，深入实践标准化作业，开展自动化运维。

5. 工作要诀

办公电脑专人专用，存储介质使用慎重；

设备入网合规管控，内网外网严禁混用；

安全基线管理规范，运行风险评估不断；

重要系统集群部署，核心数据备份存储；

账号口令合规复杂，身份权限必控必查；

漏洞隐患一患一档，精益运行豁然开朗。

五、建设施工

（一）电网建设

电网建设是绿色发展的中坚力量。建设施工点多面广、环境复杂、安全风险高。标准化建设、机械化施工、数字化管控是保障电网建设施工安全的必由之路。

1. 专业文化

高质量建设，低风险施工。

2. 安全警句

放过违章就是为事故开绿灯。

图方便、走捷径是事故的祸根。

宁向管理要时间，莫要现场抢进度。

事故是最大的成本，安全是最大的效益。

3. 专业精髓

“一图三表”： 现场布置图，人员分工表、机械材料表、风险管控表。

“两个标准化”： 作业层班组标准化、作业现场标准化。

“三交三查”： 交任务、交安全、交措施；查工作着装、查精神状态、查个人安全用具。

“三算四验五禁止”： 拉线、地锚、近电作业安全距离必须经过计算校核；拉线、地锚、索道、地脚螺栓必须通过验收。禁止不配备有害气体检测装置，禁止不配备禁登自锁器及速差自控器，禁止不配备救生装备，禁止不交替平移子导线，禁止使用正装法组立超过 30 米抱杆。

复工“五项基本条件”： 关键人员到岗到位、召开复工前“收心”会、作业现场检查核实到位、入场人员安全教育培训到位、安全技术交底签字到位。

停工“五条红线”： 关键人员配置严重不到位、“一措施一方案一张票”存在严重错误、施工装备存在重大安全隐患、安全风险管控严重不到位、过程质量管控严重不到位。

4. 专业做法

计划引领。 实施全过程风险管控，建立风险计划清单，精益管控、逐项销号。实施作业计划“月计划、周安排、日管控”机制，杜绝无计划、无票作业。

队伍建设。 配齐配强业主、监理、施工项目管理人员，严格选择、培育核心分包队伍，严禁超承载力承揽施工任务，做实作业层班组标准化建设。

人员准入。运用“e 基建”、人员轨迹 APP 等数字化手段，实名制、全过程管控每一名作业人员。建立个人安全档案，为每一位作业人员精准“画像”。

现场管控。实行负责人挂点工程制度。做实作业现场标准化，落实工前“三交三查”，刚性执行“一图三表”“三算四验五禁止”。利用“远程 + 现场 + 流动眼”开展安全稽查，严格落实停工“五条红线”。

5. 工作要诀

建设安全费思量，合理工期是保障；

施工风险控全程，精准计划严执行；

现场布置按标准，作业行为守规章；

装备配置要到位，分包作业有指挥；

机械代人降风险，数字手段控现场；

队伍建设提能力，锤炼作风显担当。

（二）电网小型基建

电网小型基建为电网安全运行提供用房保障，细分专业多，作业环境复杂，人员流动性大，必须严格落实“四个管住”，将安全同质化管理落到实处。

1. 专业文化

安全文明施工，依法规范管理。

2. 安全警句

手续不全就开工，盲目作业命无踪。

建筑基础不牢，房屋地动山摇。

四口五边不守住，十有八九出事故。

3. 专业精髓

开工“五不准”：未取得施工许可证，未开展施工现场安全评估和安全技术交底，未签订安全责任书，开工报告未审批，未组织设计交底和图纸会审。

4. 专业做法

把开工关，执行开工“五不准”。全面落实项目安全管理责任，对施工单位及人员资质进行严格审查，制订有针对性的安全文明施工方案，并审核、执行和监督检查，严格执行开工“五不准”。

把施工关，管控“四口”和“五临边”。发挥“三个项目部”作用，落实业主、监理和施工单位群防群治安全生产的责任制度，加强现场风险辨识与防控，加强施工现场“四口”和“五临边”管控，提高安全管控能力。

把监督关，确保项目“三控”。组织开展现场安全检查和专项安全监督，消除管理违章和施工隐患，建立项目管理创优争先奖惩管理制度，确保项目在控、可控、能控。

5. 工作要诀

小型基建监管严，依法合规控风险；

政企联动双红线，安全质检兼顾全；

施工业主监理方，安全职责要厘清；

四口五边除隐患，预防高坠是重点；

建筑开工五不准，施工三宝不可减；

安全交底落实处，履职督导考核严。

【注释】

“三宝”：安全帽、安全带、安全网。

“四口”：楼梯口、电梯井口、预留洞口、通道口。

“五临边”：基坑周边、楼层周边、屋面周边、尚未安装栏杆的楼梯边、尚未安装栏板的阳台边。

六、营销服务

营销服务千家万户，作业现场“小、临、散、杂”的特点突出，只有贯彻“安全无小事、事事要安全”的理念，防微杜渐、履职尽责，才能长治久安。

1. 专业文化

筑牢低压防线，守护万家灯火。

2. 安全警句

短路开路一瞬间，触电伤害一辈子。

用电隐患不根除，终将酿成大事故。

3. 专业精髓

网格服务“三全五制”： 全区域、全过程、全时段服务保障；落实设备主人制、首问负责制、首到责任制、快速响应制、现场办理制。

需求侧管理“一个原则”： 需求响应优先、有序用电保底、节约用电助力。

客户保电“三位一体”： 政府主导、客户主体、电力主动。

用电检查“四个到位”： 服务、通知、报告、督导。

现场作业“六个严防”： 防误碰、防误入、防反送电、防高坠、防误接线、防开路短路。

4. 专业做法

转型升级优服务。 优化“供指中心—前端网格”两极指挥架构，强化网格化综合服务能力，实现现场安全、质量、效率的统筹管控。

健全机制强保障。 持续优化需求响应体制机制，扩大可调节负荷资源库，配合政府编制有序用电方案，引导全民绿色低碳生活理念，保障电网尖峰时刻安全、可靠运行。

高效协同保供电。 坚持政府主导客户侧保电政策发布，客户主体负责隐患排查治理，供电企业主动对接、指导、督促客户完成保电任务。

政企联动消隐患。创新政企联合特巡工作机制，促进客户用电安全隐患有效整改，落实用电检查“四个到位”。

聚焦现场筑平安。创新应用作业人员轨迹APP，常态开展作业票实效化治理，推行现场作业“六个严防”，落实落细“四个管住”。

5. 工作要诀

营销作业环境杂，反向来电须防范；

客户设备视带电，用户操作不能替；

业扩现勘双许可，验收通过再接火；

装表校验核相序，严防开路或短路；

负荷控制快响应，远程操作防误跳；

用电检查四到位，隐患整改督闭环；

反窃查违防人身，政企联动保平安。

七、公共安全

（一）消防安全

消防安全关乎人身、电网和设备安全。要以“四个强化”促进“四个提升”，全面落实消防安全责任，消除火灾隐患，筑牢消防安全的防火墙。

1. 专业文化

人人掌握消防技能，时时防范火灾隐患。

2. 安全警句

点点星火可燎原，小小隐患酿大祸。

消防器材查不严，用时无效命难全。

火灾初期不扑救，损失惨重性命忧。

消防通道杂物堆，逃生无门死神追。

3. 专业精髓

“三提示”：提示火灾危险性；提示逃生路线、安全出口位置，逃生、自救方法；提示场所内防护面罩、手电筒等设施器材的位置和使用方法。

火灾“四懂四会”：懂火灾危险性，会报警；懂火灾预防措施，会用灭火器；懂火灾扑救方法，会初期灭火；懂火灾逃生方法，会逃生。

消防“四能力”：提高消除火灾隐患能力、扑救初期起火能力、组织人员疏散能力、消防宣传教育培训能力。

灭火器使用“四步法”：提、拔、瞄、压。

办公楼宇“六严禁”：严禁携带易燃易爆物品、严禁违规使用明火、严禁堵塞占用疏散通道、严禁安全出口上锁、严禁乱扔烟头、严禁超负荷使用电器。

4. 专业做法

强化组织领导，提升消防网络建设。建立健全安全保证体系、安全监督体系、安全责任体系，全面落实各级人员消防安全责任制，督促落实消防安全网络建设。

强化培训演练，提升全员安全素质。通过消防教育培训和应急演练，加强消防安全意识，做到“四懂四会”，提升员工消防“四个能力”。

强化基础设施，提升防控火灾能力。明确重点防火部位安全职责，做好消防“三提示”。落实消防与主体工程建设同时设计、同时施工、同时投入生产和使用的要求。

强化专项检查，提升隐患整治力度。做到消防检查隐患建档，定期开展消防隐患排查，建立隐患整改闭环监督机制。

5. 工作要诀

防火意识排第一，防消结合最无敌；

四懂四会应普及，提升员工四能力；

办公楼宇六严禁，器材隐患定期巡；

消防演练三提示，安全通道可畅行；

失火拨打 119，迅速扑灭在初期；

尽快撤离讲秩序，生命至上要珍惜。

（二）交通安全

交通服务于公司运营和改革发展，交通安全关系驾驶员自身及乘客生命安全，增强驾驶员交通安全意识，养成良好驾驶习惯，关系着千家万户的幸福与安宁。

1. 专业文化

车辆常检常修，驾驶遵规谨慎，人员出入平安。

2. 安全警句

出车不查车况，行车难保无恙。

驾驶不守规，亲人两行泪。

一秒钟车祸，一辈子痛苦。

3. 专业精髓

“四防”： 防车辆故障、防易燃易爆、防超载超限、防湿滑路面。

“五不开”： 不开超速车、不开冒险车、不开麻痹车、不开赌气车、不开带病车。

“六不准”： 不准超速行驶、不准私自出车、不准酒后驾车、不准疲劳驾车、不准无证驾车、不准行车中使用通信工具或电子设备。

4. 专业做法

做好出车检查。 出车前检查轮胎、刹车、转向系统、喇叭、照明等主要装置，严禁带病出车。带好“三证一单”。

全程文明驾驶。行车中保持注意力集中，遵守交规，不危险驾驶。坚持“不混装、不超载、不超速”，上下车停稳开门，关门起步，系好安全带。

严格入库纪律。停车时按指定地点依次停放，做好车辆清洁，履行钥匙归还，车辆入库手续。

提升驾驶水平。定期开展行车安全教育培训、驾驶技能比武，提升技术技能水平。

5. 工作要诀

交通法规记在心，规章制度严执行；

车况常查处理勤，风险隐患及时清；

安全技能要提升，安全培训强本领；

四防工作莫忽视，车辆防疫有规定；

三证一单要随身，安全行车六不准；

收车入库交钥匙，平安回家莫乱停。

【注释】

“三证一单”：中华人民共和国机动车驾驶证、中华人民共和国机动车行驶证、本单位核发的机动车内部准驾证，工作任务派车单。

（三）疫情防控

疫情防控关系员工身体健康、生命安全和公司生产运营安全，必须坚持生命至上，落实疫情防控属地化管理原则，坚决筑牢疫情防控屏障。

1. 专业文化

科学预防，积极宣传，严密排查，严格管控。

2. 安全警句

不戴口罩到处串，同事亲朋捏把汗。

不洗手来不分餐，疫情传播后悔晚。

重点场所不消杀，病毒扩散速度加。

免费疫苗不接种，患病治疗身心痛。

3. 专业精髓

“一码一卡一证”： 健康码、通信行程卡、核酸检测阴性证明。

“组织预防”： 高度重视，快速反应，内防反弹，外防输入。常态化精准防控和局部应急处置有机结合，动态清零，协同一致。克服麻痹思想、厌战情绪、侥幸心理、松懈心态。

进入重点场所“四必”： 身份必问、体温必测、口罩必戴、证码必查。

个人防护“五要素”： 戴口罩，勤洗手，多通风，少聚集，保持安全社交距离。

疫情防控“六早”： 早预防、早发现、早报告、早隔离、早诊断、早治疗。

4. 专业做法

加强检测预警。 落实疫情防控“六早”，强化信息报送和人员风险筛查。

加强人员管控。 强化人员安全有序流动，降低疫情传播风险。重点保障电网安全稳定运行的岗位人员、管理人员、营业厅客服、网格员、后勤服务人员等重点人群，定期开展核酸检测筛查，不定期进行抽检。

加强场所防控。 进入场所坚持“四必”，查验“一码一卡一证”，严控聚集性活动，做好场所定期通风和消杀工作。

加强物资储备。 树立底线思维，做好防疫物资和后勤生活物资储备，确保物资充足、供应及时到位。

加强应急处置。 完善应急预案，始终保持疫情防控指挥体系和工作机制处于应急响应状态，确保疫情防控工作的各个环节响应及时、推动有力。

5. 工作要诀

两点一线不聚集，注重防护戴口罩；

公共场所少逗留，封闭运行最要紧；

遵守纪律莫要慌，服务保障要跟上；

出现异常要果断，各负其责保平安。

（四）食品安全

食品安全是保障全体员工身体健康和生命安全的基础性工作，要坚持严格的标准、严密的防范、严肃的监管，让全体员工吃得放心、安心、开心。

1. 专业文化

食材放心，烹饪科学，营养卫生。

2. 安全警句

食品卫生无小事，健康安全是大事。

食材入库不查验，食物中毒高风险。

餐具消毒不到位，病菌传播有机会。

3. 专业精髓

“一线”： 把牢不发生食品卫生安全事故的底线。

“二控”： 源头把控、过程把控。

“三严”： 严格落实食品安全责任制、严格保持环境卫生、严格检查从业人员健康。

“四关”： 采购关、储存关、加工关、留检关。

“五防”： 防鼠、防蝇、防尘、防虫、防腐。

4. 专业做法

组织管理到位。 严格规范食品采购、检验、存储、加工及现场配餐管理。食堂操作人员应当保持个人卫生并持证上岗，严格加强食品安全知识教育培训。

采购检验合规。严格执行食材追溯制度，食品入库前实行安全质量验收，大宗食品检验“三证”、购货合同、发票齐全，确保进货食材 100%可追溯。进口食品应当符合国家出入境检验检疫部门要求和国家食品安全标准。

存储加工规范。食材存储分类分架、离墙隔地，无病媒生物污染。食材加工生熟分离，防止交叉污染。食品加工分区管理，加工设备、器具清洁干净、摆放有序。食品留样有专人负责，冷藏存放 48 小时。

就餐环境宜人。餐厅通风、干净、整洁，无异味、无卫生死角，无乱堆乱放，餐具清洁彻底，消毒规范。

5. 工作要诀

食品安全是底线，进货食材管控严；

源头追溯验三证，加工过程监控全；

优质食材要新鲜，食品留样不可减；

分类储存离地面，生熟分离远墙边；

四关五防记心间，食物多样讲科学；

食品安全常警示，美好生活每一天。

【注释】

大宗食品检验“三证”：卫生证、化验证、合格证。

八、物资保障

物资是生产经营的核心资源，具有类多量大、流转频繁的特点，必须依托绿色数智供应链，确保物资供应各环节安全传导，为电网高质量发展提供坚强的物资保障。

1. 专业文化

“品质”物资促安全，“智慧”物资提质效，“红领”物资显担当。

2. 安全警句

风险不避物将损，规则不守人要伤。

越廉洁红线人有祸，断供应链条物有患。

3. 专业精髓

物资管理“五优”：优需、优采、优质、优配、优运营。

物资仓储“四清楚”：清楚物料种类、清楚物资特性、清楚储存方式、清楚应急措施。

物资配送“四必须”：必须审定流程方案、必须监护装卸作业、必须遵守交通法规、必须安全平稳运输。

4. 专业做法

绿色数智供应链全流程管控。执行典型设计标准，精准提报需求计划；采购业务精益规范，突出“好中选优”导向；质量监督闭环管控，把好入网质量关；全面统筹实物资源，着力强化效率、效益、效能提升；依托供应链运营中心，推动物资供应全链条数智运营。

严格执行物资安全保障措施。坚持物资到货多方验收，监造抽检分类覆盖，检验合格保证质量；坚持物资规范堆码，保持间距科学存放，做好物资盘点和保养；坚持仓储作业必有监护，确保装卸设备状态良好，物资装车绑扎牢固，平稳运输安全送达。

严肃落实危化品安全管理要求。建立健全危化品安全管理制度；了解危化品种类及其燃烧、爆炸、毒害、腐蚀等危害性；分库分区分类存放在符合环保要求的仓储点；配置必要的安全防护用品；定期开展危化品应急处置演练。

5. 工作要诀

仓储环境很重要，防火防盗又防潮；

危化物品存放好，消防隐患早报告；

验收抽检和监造，质量问题莫轻饶；

作业必戴安全帽，旁站监护不可少；

装卸搬运防事故，叉车启动四处瞧；

平稳运输货固牢，遵规守则安全到。

九、新业态

新兴业务是新型电力系统的重要组成部分，风电、光伏、储能、岸电、充电桩等各类新设备接入和互动需求增长迅速，有效研判风险隐患、安全推进新兴业务关乎大电网稳定和公司转型发展。

1. 专业文化

设备风险各异，安全管理同频。

2. 安全警句

新兴业态场景多，安措不全酿祸端。

储能隐患不除尽，设备燃爆不容情。

光伏建设不细心，盲接乱搭伤人身。

充电消缺不及时，定时炸弹埋身边。

3. 专业精髓

储能建设运维“四个重点”：管控设备质量、严格周期预试、推进标准作业、规范防火防雷。

光伏建设安全“四个把关”：板材质量把关、基础载荷把关、施工工艺把关、隐患排查把关。

岸电现场作业“四个注意”：注意风险辨识、注意临水临边、注意物体打击、注意设备带电。

能效服务“三不三防”：现场勘查未到位不开工、双许可未执行不开工、安全措施未到位不开工；防误碰误动、防有害气体、防压力管道。

充电服务“三个预防”：预防充电桩倾倒、预防人员触电、预防车辆火灾。

4. 专业做法

构建储能核心生态。筛选培育一批优质供应商及核心分包商，落实储能建设运维“四个重点”，重点强化储能设备运维及风险预控。

从严光伏风险预控。紧盯质量、基础、工艺和隐患等光伏安全管理重点，强化分包管理及源头控制，严格“四个把关”，加快专业人才培养。

推行岸电标准执行。加强岸电典型场景标准化作业指导书应用，深入推进作业票实效化，紧盯岸电现场“四个注意”，落实现场安全措施。

规范能效服务流程。深入推进“供电＋能效服务”，规范各类能效服务场景操作流程，落实“三不三防”，加强设备巡视检查及消缺。

强化充电服务保障。落实服务实施细则，突出预防与应急相结合，强化日常精益运维和设备检测检修，做到“三个预防”，保障现场充电安全。

5. 工作要诀

光伏组装防碰击，逆变联调勿触电；

储能电池先试验，防火防雷很关键；

岸电建设防高坠，临水作业须小心；

能效服务先勘察，三措一案来护航；

充电运维要过细，误动漏项要规避；

新型设备广接入，风险能控才安全。

十、水电大坝

水电厂通过筑坝截断江河拦水发电，肩负着防洪抗旱使命，关系到一方百姓安危，确保大坝安全度汛责任重大。

1. 专业文化

守护大坝固根基，以迅应汛保安澜。

2. 安全警句

大坝不牢，地动山摇。

大坝不定检，隐患难发现。

汛情不清楚，容易误调度。

闸门启闭失灵，洪水蓄泄失控。

3. 专业精髓

掌握“四情”：掌握雨情、水情、险情、灾情。

突出“四预”：突出预报、预警、预演、预案。

做好“四全”：全视野收集情报，全节点会商研判，全方位技术支撑，全过程调度管控。

4. 专业做法

筑牢防汛基础。完善组织机构，充实防汛队伍；修复水毁工程，整治设备设施隐患，清理购储防汛物资；开展大坝安全定检和防汛专项检查，督导问题整改限期完成。

突出“四预”手段。下发宣贯应急预案，开展防汛应急演练，监测预报雨情、水情、汛情，及时发布防汛预警。

强化调度管控。关注长中短期气象预报信息，跟踪会商研判来水情势，超前谋划预控，中期提前行动，短期精准调控，把握防汛调度主动权。

抓好应急处置。坚持应急值班，提前布控防守，巡检大坝泄洪设施、发供电主辅设备、厂区排水设施等关键设备和部位，发现缺陷隐患险情，进行应急处置抢修除险。

5. 工作要诀

大坝安全重如山，防漫防溃防水淹；

专家会诊做定检，除险加固去病根；

隐患排查治在前，未雨绸缪覆盖全；

预案方案勤演练，预报预警抢时间；

会商研判降风险，防洪调度不超限；

闻“汛”出击迎挑战，众志成城奏凯旋。

第五篇

作业安全篇

倒闸操作
调度操作
开关刀闸检修
变压器检修
高压试验
带电作业
直流控保检修
换流阀检修
水冷系统检修
机组检修
水工维护
配网抢修
配电施工
基础施工
组塔架线
电缆施工
高处作业
起重作业
近电作业
索道运输
新设备试验调试
信息系统检修
继电保护作业
调度自动化作业
通信光缆作业

一、倒闸操作

倒闸操作是电力系统改变运行方式、设备状态的重要作业。执行标准化作业，杜绝误操作事故，是运维人员必须坚守的安全底线。

1. 专业文化

唱票复诵，闻令而动；分合有序，平安相随。

2. 安全警句

跳项漏项，安全无望。

失去监护，易出事故。

随意解锁易惹祸，误入间隔危险多。

3. 专业精髓

“五防”： 防误分、合断路器；防带负荷拉、合隔离开关；防带电挂地线；防带地线合闸；防误入带电间隔。

“六要”： 要有合格的操作人员；要有明显的设备标志；要有正确的一次模拟图；要有完善的防误系统；要有明确的操作令和合格的操作票；要有合格的工器具。

“七禁”： 严禁人员无资质；严禁无令操作；严禁无票操作；严禁不按票操作；严禁无监护操作；严禁随意中断操作；严禁随意解锁操作。

“八步”： 接受调度预令，填票，审票，准备工器具，接受调度正令，模拟预演，执行操作，汇报及后续工作。

4. 专业做法

流程标准化。 对操作全环节、全过程实行标准化管控，操作流程务必遵循八步骤，人员行为绝不违反七禁令。

填票零错误。 刚性执行“谁操作谁填票，谁监护谁审核，谁负责谁批准”的原则，把好填票、审票关，为操作安全筑牢基础。

操作“零解锁”。 变电站禁止存放解锁钥匙，操作中严格执行“零解锁”，以“制度红线”，守住“安全底线”。

执行双监护。增设第二监护人，对操作全程录音录像，督导操作人员严格执行唱票复诵、设备确认等标准流程，及时纠正不规范行为，为操作安全增设“双保险”。

5. 工作要诀

填票之前先审题，弄清目的理顺序；

风险预控想周全，票面正确是关键；

唱票复诵要清晰，眼观手指细核对；

重要环节双监护，多双眼睛少失误；

操作结果需确认，各种信息相印证；

标准流程记心间，千次操作千次顺；

应顺尽顺要记牢，确认间隔保安全。

二、调度操作

调度操作是指挥电网运行方式调整、设备状态变更、故障处置的重要环节，精准无误的调度操作是保障人身、电网和设备安全的关键。

1. 专业文化

指令严谨，操作精细，处置精准。

2. 安全警句

操作流程不规范，电网安全埋隐患。

两票三单不把关，操作防线会击穿。

拟审下操，环环相扣；一环失控，全盘失控。

3. 专业精髓

“五杜绝”：杜绝不具备相应资质人员的操作，杜绝超承载力的操作，杜绝失去监护的操作，杜绝未经安全校核的操作，杜绝约时停送电的操作。

“五核查”：核查实时运行方式，核查设备运行状态，核查风险管控措施，核查重要断面潮流，核查关联两票信息。

“六必须”：必须互通单位和姓名，必须使用规范调度术语，必须使用普通话，必须使用双重编号，必须复诵无误，必须录音保存。

4. 专业做法

严格落实操作管理制度。严格执行湖北电网调控管理规程和调度操作票实施细则，坚持“拟票、审票、预发、执行、归档”和“下令、复诵、录音、记录、汇报”的调度操作标准化流程。

重点加强关键环节管控。重大操作提前开展安全校核和风险分析，实行专业负责人复核把关制度；操作前进行在线安全稳定分析计算，先算后停，校核不通过不操作；操作中加强设备状态监视和断面潮流控制，出现异常及时处置；操作后按期开展操作承载力分析和操作规范性评估。

提升操作智能防误能力。深化省地县一体智能操作票系统应用，深化一键出票、智能防误校核、人员身份验证、网络化下令、操作看板等功能应用。

5. 工作要诀

标准制度要先行，操作规范记心间；

调度术语须规范，复诵录音不可免；

两票三单是基础，复核复审再校验；

安全校核算风险，关键环节管控严；

设备状态勤核对，事故预想要提前；

监控信息盯仔细，精准操作保安全。

【注释】

“两票三单”：日前停电检修申请票、调度操作指令票；运行方式变更通知单、继电保护整定通知单、稳定措施通知单。

三、开关刀闸检修

开展开关设备精益检修，防止开关拒动，防止刀闸卡涩发热，有效保障电网安全稳定运行。

1. 专业文化

开关防拒动，刀闸保导通，绝缘保安全。

2. 安全警句

机构储能不释放，机械伤人隐患大。

二次回路不可靠，分合异常风险高。

刀闸超期不检修，操作卡涩易发热。

柜体环境不治理，内部凝露短路多。

3. 专业精髓

机械性能“两满足”：三相同期性满足要求、动作时间满足要求。

电气特性“三合格”：低电压动作值合格、回路电阻合格、导电回路耐压合格。

外观“四检查”：查瓷瓶是否脏污破裂，查构架是否断裂锈蚀，查部件是否变形松动，查表计是否指示正常。

4. 专业做法

工厂检修提质效。开展开关刀闸工厂化检修，在作业现场轮换式更换，缩短设备大修的停电时间，减少现场作业检修的安全风险。

精益检修重工艺。落实外观“四检查”，确保电气特性“三合格”，实现机械性能“两满足”，把控关键工序，紧盯质量管控。

缺陷管理强闭环。建立开关设备缺陷动态数据库，对渗油漏气、线圈烧损、接点发热等高频缺陷进行重点分析，形成专项治理方案，限期完成整改。

5. 工作要诀

机构维护要全面，密封可靠防内漏；

刀闸检修工艺精，触指压紧防过热；

分合回路勤检查，接线端子常核对；

安装检修与验收，标准流程严把关；

开关反措细落实，三年传动防拒动；

机械联调要精细，控制速度保同期；

拧紧设备螺丝钉，设备安全齐用心。

四、变压器检修

开展变压器精益检修，提升设备健康水平，保障电网安全可靠运行。

1. 专业文化

吊罩吊芯吊套管，查油查气查接地。

2. 安全警句

套管安装不规范，引线放电设备伤。

分接调试不到位，机械错位事故发。

风冷开关电不断，扇叶运转打伤人。

带电补油不控速，压板不退瓦斯动。

3. 专业精髓

检修工艺“三可靠”：绝缘可靠，接地可靠，回路导通可靠。

关键试验：油色谱试验、绝缘电阻试验、直流电阻试验、分接电压比及极性试验、气体及油流继电器试验、介质损耗及电容量测量、绕组变形试验、交流耐压试验、局部放电测量。

绝缘油处理：油过滤、油试验、真空注油、热油循环、静置排气。

4. 专业做法

突出重要组部件检修管理。规范检修项目，对变压器套管、分接开关、冷却系统和瓦斯继电器等重要组部件进行重点检修，提升设备本质安全水平。

强化关键试验数据精准分析。对检修后变压器绝缘油试验、直流电阻试验、绕组介质损耗及电容量、交流耐压、局部放电测量等影响设备性能的关键试验数据进行分析。

做好关键环节标准工艺执行。严格按照变压器检修标准工艺，做好绝缘油过滤、真空注油、热油循环、静置排气等关键环节的标准执行。

5. 工作要诀

本体吊罩观天气，晴朗干燥是关键；

主变吊芯细调试，正反圈数控误差；

套管吊装工艺高，局放试验来把关；

阀门位置要正确，操作阀门要恢复；

油温曲线要清晰，油位要在合格区；

压力组件严校验，瓦斯安装看方向；

铁芯夹件牢接地，放电间隙需核对；

检修工具要清点，别留器身存隐患。

【注释】

重要组部件：套管、分接开关、冷却系统和瓦斯继电器。

五、高压试验

高压试验是设备健康的“体检利器”，定期开展检测试验工作，及时发现设备隐患，是确保设备健康的重要手段。

1. 专业文化

精准把脉查隐患，精细体检保平安。

2. 安全警句

呼唱应答不执行，生命安全当儿戏。

试验放电不彻底，残压伤人悔莫及。

3. 专业精髓

“三步骤”：规范接线、安全操作、数据分析。

“三比对”：与规程规定值比对、与历次试验数据比对、与同类型设备试验数据比对。

“三恢复”：被试设备末屏及尾端接地恢复、试验接线（工作接地线）恢复、试验前的安全措施恢复。

“三防一校”：防止误试验、防止误接线、防止误判断、定期校验试验装备。

4. 专业做法

过程严格管控。开展安全风险辨识，落实试验前安全技术措施；试验过程始终保持安全距离，执行“呼唱应答”制；试验结束要断电放电，做好现场清理。

数据精准分析。突出与标准规定的允许值比对，与历年试验数据纵向比较，与同型号设备数据横向比对；对异常数据，要“一事一分析”，做到一个设备隐患也不放过。

装备精心管理。按周期开展试验设备、仪器仪表校验工作，检查试验装备有无损坏、附件是否齐全，做到坏的维修更换，缺的配齐配足。

5. 工作要诀

试验步骤需谨记，人身安全放第一；

试验接线先接地，通电之前查一遍；

升压操作要呼唱，试验数据记详细；

变更接线先断电，设备放电要充分；

数据分析要仔细，问题隐患全掌控。

六、带电作业

带电作业是指不停电状态下，对带电设备进行直接或间接维护与检修，能有效减少停电时间。

1. 专业文化

严谨规范进电场，精湛细致稳操作。

2. 安全警句

绝缘电阻不测试，作业安全难保障。

距离不足会放电，别拿生命做试验。

3. 专业精髓

安全“两距离”：带电作业的安全距离、绝缘工具的有效绝缘长度。

带电“三方式”：等电位作业、中间电位作业、地电位作业。

保管“四规定”：干燥通风、统一编号、专人保管、登记造册。

作业“五步法”：一查勘、二准备、三遮蔽、四操作、五复检。

4. 专业做法

作业行为，“三条红线”。落实带电作业人员防高坠措施、等电位人员活动范围、同塔多回线路安全防护要求三条红线，严保带电作业人身安全。

库房保管，“一册二证”。带电作业工器具必须登记在册、必须有机械试验合格证，绝缘工具必须有电气试验合格证。

作业要求，“三要三化”。环境天气要适宜、人员资质要合格，安全距离要满足；作业文本实效化、作业流程标准化、作业安全规范化。

科技保安，“两提一降”。利用新型安全工器具、无人机、带电作业机器人等科技手段辅助开展带电作业，提升作业效率，提升工艺质量，降低作业风险。

5. 工作要诀

带电作业风险大，方法正确就不怕；

气象天气要关注，作业人员状态佳；

现场勘查不能少，按需退出重合闸；

穿好全套屏蔽服，作业距离要严把；

作业工具存专库，使用之前必检查；

科技助安提质效，带电作业开新篇。

七、直流控保检修

直流控保系统是直流输电工程的“大脑”，控保系统检修是降低直流强迫停运次数和提升能量可用率的直接有效措施。

1. 专业文化

严管软件，精修主机，勤核回路。

2. 安全警句

负载不降低，主机要挂机。

软件不核对，重装就出拐。

出口不清零，恢复就跳闸。

3. 专业精髓

软件修改“双确认”： 软件核对无误后，由执行人、监护人双确认。

主机工作“四要点”： 打测试，关主机，查出口，投备用。

直流控保“四化”： 检修作业标准化，软件管理精细化，定值管理规范化，隐患治理常态化。

4. 专业做法

健全软件修改管理规范。 管控软件审批手续，规范控保系统软件下装、审核、把关和验收流程，严格执行“双确认”，实行新旧软件版本入库管理。

强化作业过程风险管控。执行主机工作四要点，控保改造复杂作业环境采用“软”“硬”隔离双保险措施，落实“四人合一”“随工监管”。

开展防误闭锁隐患治理。开展直流控保主机、板卡故障专项隐患排查，集中分析常见主机死机、板卡故障率高的原因，集中商讨改进措施，降低主机、板卡负载率。

5. 工作要诀

作业工序不可乱，把握标准是关键；

控制系统分主备，故障切换分等级；

软件修改严审核，流程完整方执行；

设备重启要当心，主机状态看仔细；

板卡负载勤比对，集中分析找原因；

控保作业牵一发，安措失效动全身。

八、换流阀检修

换流阀是实现换流站整流逆变功能的核心设备，开展换流阀检修是避免阀组故障引起直流闭锁的重要手段。

1. 专业文化

阀塔作业循规蹈矩，电流换相四平八稳。

2. 安全警句

上塔不接地，害人又害己。

触发试验不远离，事故对你不留情。

发热漏水，如履薄冰，一时侥幸，终酿大祸。

3. 专业精髓

换流阀作业“一册、二证”：换流阀作业工器具必须登记在册；阀厅作业车具必须有特种车辆合格证，阀体登高作业还必须有人员登高证。

进阀作业“三注意”：阀触发试验要远离、作业车工作要接地、上阀需穿连体服。

阀塔检修“十要点”：制工艺表，擦拭积灰，外观检查，检查松动，检查焊接，放、补水，洗过滤器，漏水检测，静态打压，复检漏水。

通流回路测量“十步法”：制工艺表，培训合格，初测直阻，检查紧固，精细打磨，涂导电膏，牢固复装，复测直阻，80% 复验，双签证。

4. 专业做法

管控阀体作业风险。设立阀体工作层专责监护人，确保加压试验过程有人监护并呼唱，作业过程三注意，核实一册、二证。

健全标准作业规范。建立阀塔检修“十要点”作业卡，开展换流阀标准化检修作业，严把检修质量关。

排查接头发热隐患。逐一建立主通流回路接头档案，依据“十步法”开展全部接头直阻测量和力矩检查。

消除阀组故障缺陷。建立缺陷集中会商机制，整合多方技术力量，及时消除各站常规阀组件、子模块故障缺陷。

5. 工作要诀

整齐穿着连体服，进塔取下安全帽；

接头发热十步法，阀塔漏水十要点；

排水工序不可少，力矩回阻严执行；

故障阀组查原因，更换步骤照标准；

触发试验请远离，多次放电应牢记；

上塔作业密配合，下塔工具勿遗留。

九、水冷系统检修

水冷系统是保障换流阀良好运行环境的重要辅助设备，开展水冷系统检修是避免换流阀因温度过高导致直流闭锁的有效手段。

1. 专业文化

切泵有条不紊，参数分毫不差。

2. 安全警句

主泵状态漏检查，回切失败会闭锁。

参数核对不用心，侥幸心理悔莫及。

3. 专业精髓

“三步走”：盯参数、治隐患、保冗余。

“四要素”：温度、流量、压力、液位。

4. 专业做法

严格主泵专项检查。开展主泵同心度校验，模拟主泵启动、切换试验，抽检主泵出口止回阀功能、接触器触头烧蚀程度，清洗主过滤器，保障各项运行参数稳定。

排查防闭锁隐患。定期检查各类仪表传感器参数定值设置正确，功能、逻辑正常，及时针对其他换流站发生的水冷故障开展专项检查，编写水冷防闭锁隐患排查报告。

把控辅机检修质量。检查氮气稳压系统管路无渗漏，确保系统压力稳定，定期更换树脂，维持电导率在较低水平，保障内冷系统正常稳定运行。

5. 工作要诀

阀塔降温靠水冷，冷却水质要保证；

水冷系统严区分，内控外辅紧配合；

主泵循环是重点，启动切换常检验；

跳闸逻辑三取二，仪表定值细核对；

压力流量和温度，分析比对关键数；

内外水冷维护好，核心设备最可靠。

十、机组检修

机组检修是水电厂安全生产的重要环节，保障机组发得出顶得上用得好，充分发挥调峰调频作用，有力支撑电网安全稳定运行。

1. 专业文化

铁规铁律，精检细修。

2. 安全警句

水之险，管阀失控厂房尽淹。

机之险，速度失控机组尽毁。

电之险，绝缘失控事故尽出。

3. 专业精髓

“三防”：防水淹厂房、防机组事故、防止二次系统“三误”。

“三保”：保起吊安全、保用电安全、保动火安全。

4. 专业做法

严抓检修准备。勘察机组检修现场，编制机组 A、B、C 修方案，编排交叉作业工序，编写实效化作业文本，列出工具材料清单并采购到位，明确机组拆卸大件定置摆放位置。

严控检修风险。转子吊装制订专项方案，精密设备拆卸后专区存放，转轮室等有限空间作业设专人监护，风洞进出专项登记，机组检修动火作业做好专项防护。

严把检修质量。开展机组静态调试和动水试验，按照三级验收标准开展修后验收，做好检修报告编写审查。

5. 工作要诀

发电机、水轮机，交叉作业要有序；

机械票、电气票，安全措施都写齐；

吊转子、修轴承，方案做好编审批；

交直流、油水风，停电泄压是前提；

涉面广、坑洞多，现场防护得精细；

精检修、细调试，安全质量争第一。

十一、水工维护

水工维护是对水工建筑物进行观测维护，为水力发电筑牢坚强堡垒，提供安全屏障。

1. 专业文化

精心观测，细心维护，筑牢水工钢筋铁骨。

2. 安全警句

野外装备未带齐，遭遇伤害救不及。

临边临空绷紧弦，防护不牢坠深渊。

3. 专业精髓

“一库”： 作业风险点辨识及预防控制措施智库。

“两单”： 工作票作业清单、非工作票作业清单。

“三保”： 保水上作业安全、保野外作业安全、保空间作业安全。

4. 专业做法

建立巡测专库。 辨识风险点，建立防控库，厘清需用工作票作业清单，制作标准化作业卡，明确日常巡检观测、年度详查、特殊检查等作业路线、频次和要求。

防控外业风险。开展库区调查、下游检查，备齐装备用品；针对溢流面、迎水面、廊道内、进水口等高风险作业，制订专项工作方案，执行标准化作业，做好安全互保。

开展特殊检查。汛前汛中汛后、枯水期冰冻期以及遭遇较大洪水、有感地震或极端灾害天气，详细检查水工建筑物。

评估运行状态。针对巡检记录观测数据，开展日检查、周总结、月分析、年整编，做好大坝注册登记、大坝安全定检，评估水工建筑物状态，制订和落实整治措施。

5. 工作要诀

勘察辨识建专库，规定路线明要求；

穿山越林先开路，装备用品需备足；

临水临边临崖口，防水防滑防坠落；

压力管井引水洞，通风检测方可入；

分析会诊做评估，标本兼治更牢固。

十二、配网抢修

配网抢修是以故障响应为导向、以快速恢复为目标、保证客户用电满意度的一项常规工作，关系公司安全生产和优质服务，确保作业现场安全、有序、规范是配抢作业的关键。

1. 专业文化

快速响应优服务，平稳有序保安全。

2. 安全警句

配网抢修任务急，慌乱肯定出问题。

故障查找不认真，事故扩大祸上身。

偷懒省事缺措施，出事痛苦一辈子。

3. 专业精髓

“五化”管理：图实一体化、管控数字化、队伍同质化、人员轨迹化、作业标准化。

“五一”流程：一笔用户报修，一张服务工单，一支抢修队伍，一次到达现场，一次解决问题。

“五速”要点：速达、速诊、速隔、速修、速送，打造配网抢修“第一出警队”和“电力 110”。

4. 专业做法

严格抢修作业计划管理。抢修作业必须纳入计划管控体系，确保现场安全措施可控在控。

严格“两票”刚性执行。做到抢修作业“出门有单，工作有票，凭票领料，依票考核”。

严格“反送电”风险管控。抢修作业前重点核查多电源、自备电源等危险点，针对性制订安全防范技术措施后方可开工。

严格抢修作业组织管理。坚持“上下贯通、横向协同、指挥顺畅、安全可控”原则，抢修现场由“明白人”统一指挥，措施完备、忙而不乱，做到不冒险、不涉险，确保风险“可控、能控、在控”。

5. 工作要诀

配电抢修小零散，任务再紧不慌乱；

应急设备常检查，工料器具备齐全；

锁定故障倒方式，恢复供电是关键；

现场勘察须认真，风险隐患要辨明；

停电验电再接地，登高作业要仔细；

夜间作业慢准稳，雷雨大风不冒险；

送电检查要细心，场清人离保平安。

十三、配电施工

配电施工点多、线长、面广，参建人数多、作业环境复杂、安全管控难度较大，预防和管控现场作业风险是配电施工安全管理的重中之重。

1. 专业文化

文明施工零违章，标准建设零缺陷。

2. 安全警句

违章蛮干存侥幸，事故就会盯上你。

任务超过承载力，干活肯定出问题。

现场勘查走过场，作业风险四处藏。

3. 专业精髓

参建队伍“三合格”：安全准入合格、安全承载力合格、标准化项目部合格。

安全管控“四步走”：成立“三方”项目部、现场勘察及风险辨识、施工方案编审批、作业计划与实施。

工程管理“五升级”：成套化配送、工厂化预制、装配化施工、机械化作业、数字化管控。

现场风险“六严防”：防倒杆、防触电、防高坠、防物体打击、防机械伤害、防有害气体。

4. 专业做法

培育核心施工队伍。开展参建队伍培训“全覆盖”、安全承载力评估、标准化项目部评价，建立全员安全责任档案。

规范安全管控流程。业主、施工、监理成立标准化项目部；由业主方组织参建各方开展现场踏勘和风险辨识；根据勘察结果完成施工方案编审批，制订作业计划并实施。

推行配网施工转型。物资成套打包配送，把高空作业放在平地、把现场作业放到车间，以机械化作业代替人工作业，提高作业安全水平。

打造安全文明作业现场。严格执行配网建设“十八项禁令”和“三十条措施”，突出“六防”管控，“三方”项目部结合作业风险履职到位，施工做到“工完、料净、场地清”。

推进数字化管理转型。应用全过程管控系统，实现工程施工全流程跟踪的数字化管控模式。

5. 工作要诀

施工队伍进场前，安全评估走在先；

作业填票重实效，重点措施不能少；

电缆施工工序杂，有限空间要知晓；

先通再检后作业，井下作业防护牢；

登高系好安全带，高挂低用显功效；

机械操作专人上，证齐技熟保障高；

齐抓共管安全保，平安快乐归家好。

十四、基础施工

基础不牢，地动山摇。基础施工存在坍塌、高坠、窒息的风险，必须做到规范支护、有效防坠、通风检测，才能保证施工作业安全。

1. 专业文化

精心作业，谨慎入坑。

2. 安全警句

千里之堤，溃于蚁穴。

基坑周边易高坠，围栏盖板要到位。

少一次通风检测，多十分窒息危险。

情况不明莫瞎闯，燃油机具莫入坑。

3. 专业精髓

“三防”： 防坍塌、防坠落、防窒息。

“八必须”： 地质条件必须提前勘探；有限空间必须通风检测；有塌方风险必须可靠支护；土石料必须远离坑口；地表水必须有效导流；坑口必须设置硬质围栏；人员进出必须设置专用通道；坑洞用电必须使用安全电压。

“先通风、再检测、后作业”： 未通风和检测前，严禁作业人员进入有限空间作业。工作环境发生变化时，应视为进入新的有限空间，重新通风和检测后方可进入。

4. 专业做法

前期准备。 勘察施工现场地质条件，编制施工方案，明确危险点。模板安装和拆除施工前编制专项施工方案，高大模板支撑工程专项施工方案应组织专家审查、论证。

开挖基坑。 规范设置锁口、护壁，实时监测坑周边是否存在裂缝。严格执行“先通风、再检测、后作业”，配齐通风检测、通信照明、应急救援装备。坑洞设置硬质围栏和盖板等防护措施，上下坑洞使用梯子和防坠器，作业时设专人监护。

浇筑基础。 起吊安放钢筋笼设专人指挥，平稳起吊，专人拉好控制绳。浇筑过程中架设脚手架或作业平台，基坑内不得有人。振捣作业人员穿好绝缘靴、戴好绝缘手套。

5. 工作要诀

锁口护壁支护牢，坍塌隐患自然消；

基坑防坠不能忘，围栏盖板要扎牢；

软梯速差配齐全，装置载人切莫用；

坑内气体看不着，通风检测很重要；

爆破作业高风险，专业人员更可靠；

分包作业专人管，防范事故有质效。

十五、组塔架线

组塔架线是电网建设的关键环节，地形复杂、交叉跨越多、施工系统性强。统一施工组织、规范作业行为、管住主要受力是关键。

1. 专业文化

四平八稳组塔，有条不紊架线。

2. 安全警句

螺栓不牢，铁塔要倒。

管好受力部件，组塔架线安全。

感应电压危害大，放线接地要牢靠。

放线施工跨越多，设施到位监护好。

3. 专业精髓

“三新”工法：落地抱杆组塔、吊车组塔、集控智能可视化牵张放线。

“四必须”：拉线和地锚必须经过计算校核；拉线和地锚投入使用前必须通过验收；组塔架线作业前地脚螺栓必须通过验收；高空锚线必须有二道保护措施。

4. 专业做法

前期准备。详细勘察施工现场周边影响作业的建构筑物、交叉跨越等风险因素，提前做好风险压降措施，跨越架按照规定搭设并经过验收。

组立杆塔。使用拉线、地锚前完成计算和验收工作，抱杆使用前检查竖直度和螺栓紧固。高空作业人员作业时设置好速差器、后备绳等二道保护。吊件下方、转向滑车内角侧等加强现场监护。

架线施工。全线统一指挥、统一调度，保持通信畅通。在杆塔、被跨越处、跨越架等关键点安排专人监护。紧线前检查地脚螺栓、拉线、地锚等是否牢固可靠，高空锚线必须设置二道保护措施。

5. 工作要诀

防雷措施早落实，地脚螺栓要拧紧；

构件连接要对准，严禁用手来找正；

吊件下方有危险，受力内侧不站人；

立塔组装听指挥，四方拉线受力匀；

架线施工战线长，指挥通信要通畅；

廊道障碍要清理，交叉跨越专人管；

开断导线防感应，耐张瓷瓶先接地；

高空锚线二道保，拉线地锚合标准。

十六、电缆施工

电缆是电力系统中输送电能的重要“纽带”。电缆施工过程中存在坍塌、窒息、触电的风险。稳支撑、勤通风、充分放电，是保障电缆施工安全的关键。

1. 专业文化

策划组织细，通风检测勤。

2. 安全警句

地塌一方，命悬一线。

路径不探清，事故不留情。

缆盘要固定，滚动会伤人。

有限空间不盲进，有毒气体要人命。

3. 专业精髓

探测“三法”： 直接法、夹钳法、感应法。

“四必备”： 气体检测报警仪，呼吸防护用品，坠落防护用品，安全器具（通风设备，照明设备，通信设备，围挡警示设备）。

“六防”： 防触电、防坍塌、防高坠、防有害气体、防机械伤害、防火灾。

4. 专业做法

探测路径。 电缆施工前期全面收集地下管线资料，仔细核对施工区域地质报告，利用探测三法等综合手段对沿线管线逐一排查。

开挖基础。 以人工寻路、机械开路的方式探沟开挖，避免伤及地下重要管线。

展放电缆。 正确选用施工机械，专人指挥、协同操作，以边拉边放方式完成电缆展放。

高压试验。 试验前两端安排专人监护，加压前高声呼唱或保持通信畅通，试验后必须充分放电。

5. 工作要诀

地下管线要查明，多管齐下把线清；

下井作业先检测，防爆防毒防窒息；

展放途中信号通，专人指挥行动齐；

可靠接地把电放，试验两侧监护细；

安装孔洞须预留，位置标高要确定；

防火封堵必严密，消除隐患事故避。

十七、高处作业

高处作业是施工现场的“云端舞蹈”，高空坠落轻则伤筋动骨，重则失去生命。想要在方寸之间舞动天地，必须要有安全装备的有力防护。

1. 专业文化

谨慎登高，平安落地。

2. 安全警句

戴好安全帽，安全有依靠。

登高不系安全带，脑袋伸在虎口外。

高处作业全程护，切莫侥幸酿大错。

3. 专业精髓

“五必须”：必须持证上岗、必须实行作业审批、必须做好个人防护、必须落实防坠措施、必须安排专人监护。

4. 专业做法

关注天气。遇到五级及以上大风或者暴雨、雷电、冰雹、大雪、大雾、沙尘暴等恶劣气候时，停止露天高处作业。

规范人员。高处作业人员体检合格、精神状态良好，且持证上岗。明确安全技术措施，落实安全防护措施，设专人全过程监护。

配齐装备。高处作业人员应正确着装，穿防滑鞋，佩戴安全帽、安全带等安全防护用品。正确使用双钩、安全绳、垂直攀登自锁器等，装备定期检验。

注意要点。重点做好“四口”“五临边”的安全防护。上下杆塔必须沿脚钉或爬梯攀登，水平移动时必须使用提前设置的水平安全绳。高处作业所用的工具和材料放在工具袋内或用绳索拴在牢固的构件上，较大的工具系有保险绳。上下传递物件使用绳索，不得抛掷。

5. 工作要诀

登高作业高风险，人员证件要检验；

两米以上属高空，防护用品戴齐全；

警惕四口五临边，做好措施不冒险；

移动交替要连贯，低挂高用要避免；

爬高下坑莫大意，安全监护不眨眼；

高处时刻有保护，四不伤害记心间。

十八、起重作业

起重作业是施工舞台上挑大梁的“台柱子”，具有技术性强、危险性大等特点。严丝合缝的操作与配合是成功就位的不二法宝。

1. 专业文化

眼观六路，耳听八方。

2. 安全警句

起重吊装不规范，事故危险找麻烦。

歪拉斜吊要出事，小心驶得万年船。

指挥信号是常识，不懂这些不称职。

吊臂下方要躲开，安全站位很重要。

3. 专业精髓

“四要素”：熟悉作业环境，了解物体的形状、结构，掌握物体的重量和重心，正确配备起重设备和工具。

“十不吊”：在吊车安全装置、安全距离、指挥信号、被吊物状态等不满足安全管控要求的十种典型情况下，禁止开展吊装作业。

4. 专业做法

进场准备。进场前，仔细检查起重设备的安全状况，操作人员持证上岗。

作业前进行安全培训、安全技术交底，确保全体作业人员熟悉起重方案和安全技术措施。

规范布置。施工区域、工具区、材料区等各区独立设置、有效分隔。提前规划起重设备移动路径及活动范围，确保场地平坦坚实，做好隔离警示、有效接地。

注意要点。检查超载闭锁装置完好，臂架安装近电声光报警器，与其他带电体保持足够安全距离。试吊完成后再起吊，严格执行“十不吊”要求，全程进行安全监护。

5. 工作要诀

起重作业风险高，心中牢记十不吊；

确定吊点和吊具，不准歪拉与斜吊；

起吊荷载要验算，操作内容要记牢；

安全接地不要忘，限位闭锁不能少；

专心谨慎操纵细，指挥信号要可靠；

危险区域莫乱窜，稳停慢落不急躁。

【注释】

“十不吊”：吊车报审资料不齐全的不吊。吊车吊钩防脱卡和起升高度限位器等安全装置缺失或损坏的不吊。近电作业吊车未安装近电智能报警装置、现场未设置限高杆的不吊。无作业计划、未开具“e基建”电子作业票的不吊。指挥信号不明确的不吊。工作场地昏暗，无法看清场地、被吊物和指挥信号时不吊。超载或被吊物重量不清的不吊。被吊物上有人或浮置物时不吊。捆绑、吊挂不牢或不平衡，可能引起滑动时不吊。被吊物棱角处与捆绑绳间未加衬垫时不吊。

十九、近电作业

近电作业如走钢丝，一旦操作不当，极易引发人身、电网、设备事故。唯有保持安全距离，谨慎作业，加强监护，才能将风险降到最低。

1. 专业文化

算准看清，细致谨慎。

2. 安全警句

安全距离不保证，事故就会找上门。

不挂地线风险高，莫拿生命开玩笑。

与带电设备的距离，就是与死神的距离。

3. 专业精髓

“四必须”：天气必须良好，与带电设备必须保持足够的安全距离，工作设备必须有效接地，隔离措施必须布置到位。

4. 专业做法

前期准备。开展作业风险评估，识别重要风险点。确定带电体电压等级，明确最小安全距离。采取隔离防护措施，设置安全警示牌。

个人防护。操作人员、工器具与带电体之间的最小安全距离必须符合安规规定，且应设专人监护，必要时使用个人保安线防感应电伤害。

配备装备。施工机械必须安装近电智能报警装置，并采取防雨、防潮措施。现场作业部位设置限高杆。

5. 工作要诀

近电作业很危险，施工方案早知晓；

安全距离须牢记，现场勘察做比较；

带电跨越网封好，专职监护不能少；

运行设备莫乱靠，钢尺钢梯不可要；

安全标识及时挂，禁止合闸早通告；

工作结束把票销，接地拆除电就导。

二十、索道运输

索道运输打通了山区线路工程施工材料运输的“最后一公里”，主要危险点在于违规载人或超载导致的高坠、物体打击。索道运输必须做到合理架设、规范运行。

1. 专业文化

架设维护循标准，运行使用守规矩。

2. 安全警句

索道坐人，事故进门。

索道超载，贻害无穷。

3. 专业精髓

“两严禁”：严禁载人，严禁超载。

“五严格”：索道设计、安装、检验、运行、拆卸应严格遵守相关技术规定。

4. 专业做法

策划扎实。索道架设避开居民区、铁路、等级公路、高压电力线路等重要公共设施。

检查细致。索道架设完成后，或经长期停运使用前，由使用单位和监理单位安全检查验收合格后才能投入试运行，索道试运行合格后，方可运行。定期检查承载索的锚固、拉线、各种索具、索道支架，做好检查及维护保养记录。

监护严格。索道运输货物要在承载力范围以内，货运索道只允许载送货物。索道运行过程中不得有人在承重索下方停留。待驱动装置停机后，装卸人员方可进入装卸区域作业。

5. 工作要诀

勘察复测全覆盖，方案策划有审批；

支架选择看受力，索道架设要合理；

每日检查勤保养，运行维护莫大意；

高速不可急刹车，恶劣天气得停机；

货运索道不超载，严禁载人须牢记；

危险区域要远离，安全措施必落地。

二十一、新设备试验调试

试验调试是检验新设备安全稳定投运的“试金石”，过程中存在人身、设备、电网风险，必须做到万无一失。

1. 专业文化

方案严密，步骤清晰，作业谨慎，操作规范。

2. 安全警句

回路不清楚，切莫瞎动手。

末屏没接地，烧毁互感器。

试验不放电，触电一瞬间。

围栏标识要看清，误闯误碰太危险。

拆接引线讲顺序，操作不当易触电。

3. 专业精髓

“两严防”： 严防 CT 开路，严防 PT 短路。

“四必须”： 元件必须完好，接线必须可靠，绝缘必须良好，回路必须正确。

呼唱制度： 加压试验前，接线人与操作人之间以大声呼唱的方式进行加压发令、复令，确保操作安全。呼唱用语应规范、明确。

4. 专业做法

前期准备。作业负责人应进行细致的前期现场勘察，在方案编写中明确工作任务、工作范围，危险点及预控措施细化到每个端子。

检查细致。按照调试施工方案执行，管控到每一个端子、每一个压板、每一个回路。试验前检查接线，包括使用规范的短路线，表计倍率、量程、调压器零位及仪表的开始状态均正确无误后，方可进行试验。

监护严格。进行试验调试时，应明确试验调试负责人，试验调试人员不得少于 2 人，监护人员不得中途离开。

防护严密。严格按照二次安全措施卡恢复，做到一人执行一人监护一人记录，恢复完成后拍照留存，做好痕迹化管理。试验人员应穿绝缘靴或站在绝缘垫上，戴绝缘手套，与带电体应保持安全距离，防止误碰带电部位。

5. 工作要诀

试验调试项目多，流程工序要妥当；

耐压试验风险高，加压呼唱声要响；

容性设备试验后，充分放电不能忘；

调试坚决防三误，设备人员无损伤；

回路极性细检查，定值修改放心上；

试验调试标准化，安全投运有保障。

二十二、信息系统检修

信息系统检修作业是解决运行隐患、提升运行质效的重要途径，做好系统检修作业，是确保公司信息系统安全稳定运行的关键。

1. 专业文化

用心记指令，勤练保安全。

2. 安全警句

系统检修不守规，违规操作业务危。

数据备份不可少，授权验证要做好。

3. 专业精髓

“三重保障”： 授权、备份、验证。

“三措一案”： 组织措施、安全措施、技术措施、施工方案；

4. 专业做法

设置运维检修专区。 规范检修作业现场，遵守运维审计机制，防范误操作，确保检修内容可查、可追溯。

规范系统权限管理。 基于授权最小化和权限分离原则，对作业人员进行身份鉴别和授权。

制订合理备份策略。 做好配置文件和数据备份，确保数据备份完整和有效恢复。

做好运行方式验证。 清理临时账户和数据，验证业务功能完整性，确保系统运行状态稳定。

5. 工作要诀

检修作业有计划，现场查勘不落下；

不论时间紧与松，两票齐全才开工；

三措一案严落实，现场管控保安全；

检修要在专区搞，运维审计要用好；

重要数据先备份，指令操作要谨慎；

临时账号要回收，端口配置要合规；

升级失败不要慌，应急回退来保障。

二十三、继电保护作业

继电保护是电力系统的“守护神”，隐患隐蔽性强、误动拒动影响性大，保障其安全运行至关重要。

1. 专业文化

精准接线，精确整定，精细调试。

2. 安全警句

关键工序不监护，保护“三误”防不住。

定值压板不核对，保护动作不可靠。

软件修改不规范，保护运行存大患。

3. 专业精髓

现场作业防“三误”：防误碰、防误接线、防误整定。

定值整定“三级把关”：计算、审核、批准。

4. 专业做法

强化现场管控。预先开展继电保护现场作业危险点分析并制订预控措施，落实作业现场人员、措施、执行、监督、履职五到位。

增设第二监护。对重点继电保护现场作业，明确工区专业管理人员或班组长、技术员作为第二监护人，在运行屏上拆接线、安全措施执行与恢复等关键环节，到岗履行监护职责。

严控定值执行。执行人员和运维人员双方确认定值通知单与实际设备相符（含软件版本、CT 变比、定值项目、控制字等），确认装置执行定值与定值通知单定值相同。

细化作业复查。复查定值压板正确，复查安全措施全部恢复，复查配置文件正确，复查图纸与现场相符，复查试验项目数据完整，复查标识正确。

5. 工作要诀

风险辨控放在前，复杂作业细查研；

停电带电范围清，交底交代安措明；

隔离运行设备准，拖泥带水不可行；

拆下线头要包住，固定螺丝应拧紧；

二次接线别分心，视线要与端子平；

定值执行无错误，压板投退无遗漏；

软件版本需核准，配置文件是关键；

二次系统别松懈，三道防线保安全。

二十四、调度自动化作业

调度自动化系统是电网运行精细化、信息化、智能化调度的重要保障，是电力调度的“千里眼”和“操作手”，具有程序逻辑不可见、作业隐蔽性强、程序紊乱影响大等特点。

1. 专业文化

严格授权，严谨验证，严密监护。

2. 安全警句

程序逻辑不明白，埋下隐患迟早乱。

动库动表不认证，侥幸操作系统崩。

关键作业不监护，电网失控悔莫及。

3. 专业精髓

“一核心”： 核心业务自己干。

“两个最”： 用户授权最小化、风险评估最大化。

“三关键”： 管控关键人员、关键设备、关键操作。

“四原则”： 安全分区、网络专用、横向隔离、纵向认证。

“五步骤”：作业组织、风险辨识、过程管控、现场监控、防误措施。

4. 专业做法

牢记安全技术措施。严格落实授权、备份、验证技术措施。

把控运维关键环节。做好关键硬件、关键程序、关键指标、关键量测信息、关键业务数据的日常巡视与运行维护。

强化网络安全防护。做好网络边界防护、渗透测试及漏洞整改、等保测评及风险评估。

严守升级变更关口。业务系统升级或配置变更前，要进行功能、性能、安全、兼容等方面的测试及验证。

5. 工作要诀

图模维护要及时，公式修改勿忘记；

遥测遥信精测试，遥调遥控更仔细；

作业方案先审批，全程监护莫大意；

授权备份加验证，安全措施应牢记；

核心工作不外委，运维管控要分级；

内部管控零信任，机房门禁常关闭；

缺陷隐患常治理，设备事故才可拒；

班前班后常分析，违章事故定可避。

二十五、通信光缆作业

通信光缆是构成电力系统“信息高速公路”的核心。通信光缆作为信息传送的主干线，承载着电网继电保护、稳控装置、调度数据网、配网自动化、信息系统等核心业务，是电网安全稳定运行的基石。

1. 专业文化

用“芯”沟通，精心防护。

2. 安全警句

光缆作业需“四防”，电网业务有保障。

线路停电不等于光缆停运，误断光缆威胁电网安全。

3. 专业精髓

光缆施工“两要”：动光缆要计划，断光缆要许可。

光缆防护“两必”：上天光缆必接地，入地光缆必穿管。

光缆作业“四防”：防坠落、防毒气、防触电、防激光。

4. 专业做法

加强日常运维保障。加强光缆线路巡视力度，定期开展光缆承载业务核查以及备用纤芯测试，搭建光缆运行监控平台，建立光缆安全防范联动机制。

细化作业现场勘查。核实顶管通道情况，核实电缆井淤积情况，核实隧道照明、防水、防火、通风情况，核实沿线施工作业隐患。

紧盯光纤核心流程。工作场所周围装设遮栏、标示牌，光缆开断前核对所有业务已倒走，光缆接续前核对两端纤序，光缆纤芯测试时先断开被测纤芯对端的通信设备和仪表。

严格作业完工确认。确认光缆标识标牌悬挂清晰，确认纤芯数据记录翔实，确认安全措施已经拆除，确认作业现场已经清理。

5. 工作要诀

光缆作业不莽撞，执行标准很重要；

现场勘查不可少，作业风险辨识清；

光纤通道定期测，缺陷隐患早发现；

纤芯测试防激光，在运通道不中断；

标识标牌挂牢靠，运行记录要全面；

仪器仪表定期检，运维抢修有保障。

第六篇

安全创新篇

安全你我他

光美有约

人才培养体系

技术管理体系

安全在线

作业票实效化

施工机械化

省管产业施工企业实强优

一、安全你我他

1. 主要内容

大力营造人人关心安全、处处注意安全、上下共保安全文化氛围，持续实施“人文传播、行为指引、安全行动、示范引领”项目建设，推动安全文化建设从无形到有形。

2. 工作愿景

安全有你有我有他，安全靠你靠我靠他，安全为你为我为他。

3. 创新精髓

“四位一体”安全文化建设体系：人文传播深植理念、行为指引提升素质、安全行动强化作风、示范引领辐射有力。

“五个关爱”员工实践体系：关爱企业、关爱他人、关爱自己、关爱家庭、关爱社会。

“安全 + 传统文化”：融合荆楚文化特色、地方文化底蕴，打造特色安全文化示范点，建成“智安”“孝安”等安全文化示范基地。

4. 工作要决

安全都有你我他，为你为我又为他；

安全生产莫忽视，靠你靠我靠大家；

人文传播植理念，行为指引提素质；

安全行动强作风，示范引领做表率；

警钟时刻要长鸣，四不伤害记心间；

四位一体聚合力，自主管理五关爱。

二、光美有约

1. 主要内容

以国网公司特等劳模、湖北首届“最美基层安全卫士”吴光美同志为原型，以安全稽查“查纠讲”为载体，弘扬“稽查就是积德”的理念，开展“光美请你喝杯茶”安全约谈，与作业人员达成“遵章守规、平安幸福”的约定。

2. 工作愿景

手中有尺，眼中有光，心中有爱。

3. 创新精髓

打造一个阵地：成立公司首个“光美安全工作室”，弘扬稽查人员的诚信之美、劳动之美、严实之美和良善之美。

开通一条热线：线上设立 24 小时“光美服务热线”答疑解惑，线下以“光美请你喝杯茶”的暖心方式开展安全约谈，达成“遵章守规、平安幸福”的约定。

形成一个闭环：依托“光美工作室实训基地”，开展针对性培训，打造一支作风优良、技术过硬的工匠队伍。

开展一系列巡讲：进乡镇、进学校、进企业、进社区开展“光美有约安全巡讲”，普及安全知识，共保幸福平安。

4. 工作要诀

光美大爱人人传，众人把关稳如山；

尽忠职守践初心，真诚待人点明灯；

坚守原则铁面孔，安全稽查百炼钢；

谨守规矩划方圆，违章违规要约谈；

珍视生命五关爱，平安幸福有约定。

三、人才培养体系

1. 主要内容

全面构建长期职工“3+1”、供电服务职工“双通道”人才体系，拓宽人才成长通道，搭建人才成长“立交桥”，让各类人员都有发展通道，都能立足岗位成长成才，从而激励员工安心干好本职专业工作，稳定公司员工队伍，为本质安全奠定坚实基础。将安全责任、安全等级认证作为职员、工匠评选前置条件，引导员工更加注重安全生产。

2. 工作愿景

拓宽成长通道，人人皆可成才，助力本质安全。

3. 创新精髓

人才体系更完备：公司人才体系覆盖员工主体，兼顾各个层次，将供电服务职工纳入公司整体人才体系建设中。建成每一类人都有自己的归属，都有自己的发展路径，都有自己的发展通道，都可以给公司做贡献，不需要挤到一条独木桥上去的人才体系。

选拔标准更客观：职员、工匠实行积分遴选制，选拔标准突出业绩导向、能力导向，从综合评价、专业评价、特殊经历及社会影响力 4 个方面、13 个维度开展量化评价。让专业能力突出、业绩贡献大、职业素养高、群众口碑好的员工脱颖而出。

激励作用更明显：设置一至七级职员、工匠，薪酬待遇与相应职务层级对应，一级职员、工匠可以拿到公司副总师级别薪酬待遇。通过职员工匠典型示范效应，激发员工动力活力，调动员工积极性和主动性，引导员工持续提升能力素质，立足本职岗位建功立业，不断创新创效。

安全导向更鲜明：将安全责任、安全等级认证作为职员、工匠评选前置条件，规定五级及以上责任性安全事件（六级信息事件）中负有主要责任及次要责任或未取得二级及以上安全技术等级资格人员，不得参加职员或工匠评选。树立起鲜明的安全导向。

4. 工作要诀

“3+1”“双通道”，不用都去争官帽；

不管你在什么岗，踏实深耕能成长；

员工发展新时代，人人成才有舞台；

安全责任是底线，守住成长能实现；

安全等级是要项，取得才能评工匠；

立足岗位能发展，凝心聚力保安全。

【注释】

“3+1”：“3”即“三通道”，打造面向领导人员的职务通道；面向管理、技术类人员的职员通道；面向技能、服务类人员的工匠通道。“1”即领军人才。

“双通道”：面向供电服务公司负责人、主管、专责及供电所长的岗位通道，面向所长以下供电服务职工的工匠通道。

四、技术管理体系

1. 主要内容

构建“省—市—县—班组”四级“总工程师—主任工程师—技术员”技术管理组织体系，建立涵盖制度体系、标准体系、技术方案审查等八大内容的工作体系，夯实安全生产基础。

2. 工作愿景

体系运转高效，队伍能力过硬，安全管控有力。

3. 创新精髓

工作“三原则”：专业性、独立性、权威性。

管理“八要素”：技术制度、技术标准、技术方案审查、技术监督、技术分析、新技术应用、技术资料管理和技术队伍培养。

监督“八重点”：可研初设、设备监造、安装调试、工程验收、运维检修、二次系统、信息系统与网络安全、质量评价。

4. 工作要诀

安全基础要夯实，技术增强是前提；

制度标准严执行，微小隐患无处存；

技术监督应全面，质量把控是关键；

技术分析须深入，预防措施理清楚；

方案审查需严格，技术安全都不落；

人才队伍要建强，畅通通道是保障；

技术管理做得好，安全平稳自来到。

五、安全在线

1. 主要内容

应用作业人员轨迹 APP 等数字化手段，全流程关联管控计划、人员、队伍和现场，实现各要素可视、可控、全上线，守稳安全“基本盘”。

2. 工作愿景

计划在线，人员在岗，队伍在册，现场在控。

3. 创新精髓

计划在线：所有作业计划纳入安全生产风险管控平台管控，坚持“月统筹、周管控、日安排”，利用平台、网站公示作业风险，实现资源共享，计划共管，源头牢筑安全防线。

人员在岗：工作负责人、工作班成员、监理人员、到岗到位人员全部纳入人员轨迹管理，实时监测，对关键人员不到岗履责，不在作业现场等自动告警，管控现场安全。

队伍在册：主业单位、集体企业、监理单位、施工单位等全部纳入管理信息系统，实施“负面清单”“黑名单”管理，对于资质异常的作业队伍实现自动告警、动态评价、精准管控。

现场在控：手机精准检索并定位作业现场，实现“四不两直”直插现场，通过“现场稽查＋远程监控”方式高效监督、精准制止违章行为，及时堵塞安全漏洞。

4. 工作要决

没有计划别作业，作业计划全上线；

队伍档案要入库，资质异常会提醒；

现场开工要签到，人员轨迹常在岗；

作业现场有围栏，偏离轨迹会告警；

现场远程全覆盖，双管齐下保平安。

六、作业票实效化

1. 主要内容

围绕“安全、减负、提效”核心理念，以梳理制度流程、规范作业文本、优化系统应用、明确监管界面为关键抓手，切实转变安全工作作风，提升现场安全管控效率，让更多的人从“要我安全”转变为“我要安全”。

2. 工作愿景

减负不减质，安全突实效。

3. 创新精髓

优化流程，管理制度日臻完善：优化安全管理制度，实现制度内容完整、标准要求统一、管理流程合理。整合现场携带文本资料，明确票案“谁干谁写、谁管谁批”工作要求，解决现场资料繁琐、编审虚化问题。

突出实效，作业文本化繁为简：将管用的关键核心措施反映在作业文本、落实在作业现场，解决“两票”填写和施工方案编制机械套用问题，切实让“明白人”管控现场、负责现场。

数字赋能，系统应用融合贯通：依托“中台 + 应用”建设，实现各专业系统数据贯通，解决基层重复录入数据问题，让现场作业人员能全神贯注、心无旁骛地干工作，将更多精力放在作业风险防控上。

精准管控，安全监管界面清晰：安全保证和监督体系监管标准统一、各司其职，不额外增加管理要求，各级到岗人员范围明确，有效解决安全措施不断“加码”、现场履职扎堆等问题，实现“一加一大于二”的安全管控成效。

4. 工作要决

组织领导要做好，宣贯培训很重要；

优化流程明责任，谁干谁写要确保；

突出实效填好票，关键措施落实好；

系统融合要贯通，数字赋能提质效；

保证监督齐管控，分级履责见成效；

革故鼎新好处多，减负增效就是妙。

七、施工机械化

1. 主要内容

施工机械化是采用机械施工、预制式、装配式等安全性更高的工法，将人工作业转变为机械作业的过程。稳步推进机械化施工，持续提升电网建设安全水平。

2. 工作愿景

压降风险，提质增效。

3. 创新精髓

“两式”： 预制式，传统建设方式中的大量现场作业工作转移到工厂进行，在工厂加工制作好构件和配件；装配式，将加工制作好的构件和配件运输到施工现场，通过可靠的连接方式在现场装配安装。

“三化”： 标准化，规范施工装备形式型号、功能参数，统一施工工艺、验收规范；系列化，针对不同地质、地形条件，形成系列化施工技术及各类功能、型式的系列化施工装备；智能化，以智能检测、控制技术赋能机械化施工，强化现场安全管控。

“源头策划、系统推进、能用尽用、用则用好”： 在规划、可研、设计阶段充分考虑机械化施工装备进场和作业场地需求；全电压等级、施工全过程采用机械化施工工法；单基策划、逐基落实，因地制宜推进机械化施工；研究解决施工技术应用中的问题，加强机械化施工技术总结分析，机械化施工能力不断提升。

4. 工作要诀

机械成孔风险小，吊车组塔效率高；

三跨放线危险大，智能牵张得靠它；

配备移动跨越架，省时安全大家夸；

机械用前要检查，莫到作业事故发；

预制装配齐上场，与时俱进抓创新；

抓好源头强策划，系统推进质效佳。

八、省管产业施工企业实强优

1. 主要内容

坚持整顿、提高的基本方针，理顺安全关系、落实安全责任、提升安全能力，做实做强做优省管产业单位施工企业。

2. 工作愿景

铸造坚强第二梯队，致力产业本质安全。

3. 创新精髓

市场化方向：将省管产业施工企业打造成自主经营、自负盈亏、自我约束、自我发展，具有过硬的企业素质和强大的核心竞争力的市场主体。

一体化建设：将省管产业与主业人员装备、体制机制等因素一起谋划、一起建设；将省、市、县三级，母、子、分公司业务运作、能力建设等内容统一布置、同步落实。

同质化管理：省管产业在安全生产各方面，与主业“同谋划、同管理、同标准”“同部署、同评价、同考核”，消除空白、不搞特殊、没有例外。

4. 工作要诀

产业建设“一体化”，厘清责任共落实；

业务运作“市场化”，依法合规信用佳；

项目管理“规范化”，自有人员“领着干”；

分包管理“合法化”，核心队伍控三家；

安全管理“同质化”，“四个管住”重点抓；

能力建设“标准化”，每年都要全评价；

支撑保障“具体化”，人机投入要规划。

后记

经过数月精心打磨、反复推敲提炼,《电力安全文化手册——务实尽责　共享平安》(简称《手册》)如约而至、正式付梓，为国网湖北省电力有限公司安全文化建设再添新彩!

《手册》聚焦“有用、管用、实用”，通过“三下三上”方式，征集评选出一个核心安全理念，系统诠释了“九大安全理念”，梳理编撰了6个安全管理、10个专业安全、25个作业安全、8个安全创新内容。《手册》注重服务一线，将安全文化理念、安全工作经验转化为员工喜闻乐见的工作口诀、安全警句等，“楚”韵绵长、内涵丰富，在安全文化建设上擦亮了“湖北品牌”。

相信《手册》必将承担起“文以载道”“以文化人”的重任，引导广大干部员工自觉践行“务实尽责，共享平安”核心安全理念，汇聚起自主、自觉推动公司持续安全发展的强大力量，不断开创公司安全新局面!

《手册》的编撰得到了公司各专业部门、各单位和广大干部员工的鼎力支持，在此一并表示感谢!

— 编写组 —

组　　长：蔡　敏

副组长：林　光　罗钟灵

成　　员：邹圣权　安高翔　唐昱恒　沈　琼　黄　翔
李修彬　廖启涛　崔　凡　杨沙明　杨光明
李红兵　俞　斌　白　尧　何　非　周　沁
郭学文　郑　毅　简　玲　刘　恒　纪麟凡
朱国威　余入丽　詹喆喆　陶文俊　刘笑笑
邵立政　张振兴　涂国栋

2022年第一版